NOUVELLE

ARITHMÉTIQUE DÉCIMALE.

OUVRAGES DE M. J. GEORGE.

NOUVEAU DICTIONNAIRE FRANÇAIS, renfermant 1° *Partie Orthographique*, tous les mots les plus usités de la langue française avec leur signification d'après l'Académie; 2° *Partie Géographique*, les noms des villes les plus importants des divers pays du globe, et principalement ceux de tous les chefs-lieux de département, d'arrondissement et de canton de la France, avec la population de chacun d'eux; 3° *Partie Historique*, les noms des hommes les plus marquants de l'antiquité et des temps modernes, qui se sont illustrés dans tous les pays et principalement en France, dans les carrières Civile et Militaire, dans les Sciences, la Littérature, les Arts et l'Industrie; 4° *Partie Mythologique*, les noms des divinités principales et les faits les plus importants de la Mythologie; par J. GEORGE, licencié ès-lettres. Nouvelle édition revue avec soin, modifiée et augmentée du Dictionnaire des Verbes Irréguliers.   vol. in-18 de 820 pages; cart.   2 fr. 30 c.
Le cartonnage en percaline gaufrée se paye 75 c. en sus.

RECUEIL DE PROBLÈMES NUMÉRIQUES, renfermant dans 2,134 Exercices et Problèmes distincts, plus de 5,000 Questions graduées sur toutes les parties de l'Arithmétique; ouvrage destiné aux élèves de toutes les Écoles et rédigé pour servir d'application à tous les traités d'Arithmétique.
— EXERCICES ET PROBLÈMES, *partie de l'élève*. 1 vol. in-12, cartonné,   1 fr. 75 c.
— RÉPONSES ET SOLUTIONS, *partie du maître*, 1 vol. in-12, cartonné,   1 fr. 50

SYSTÈME DÉCIMAL DES POIDS ET MESURES MÉTRIQUES, ou Exposition complète du Système Décimal ramenée à sa simplicité première; renfermant les formes figurées des Nouveaux Poids et Mesures; Ouvrage destiné aux Écoles primaires, in-18, Jésus, 5° édit. broc.   20 c.
Le cartonnage se paie 5 cent. en sus.

TRAITÉ COMPLET ET RAISONNÉ DES POIDS ET MESURES DU SYSTÈME MÉTRIQUE. 1 vol. in-18. broc.   75 c.

ARITHMÉTIQUE THÉORIQUE ET PRATIQUE (NOTIONS ÉLÉMENTAIRES D'), à l'usage des Écoles normales, des écoles professionnelles et de Commerce, et de toutes les Maisons d'éducation; par J. George. 1 vol. in-12. Cart.   1 fr. 50 c.

— Paris, Imprimerie Blot et fils aîné, rue Bleue, 7.

NOUVELLE
ARITHMÉTIQUE
DÉCIMALE

A L'USAGE DES ÉCOLES PRIMAIRES
ET DES CLASSES ÉLÉMENTAIRES DES COLLÉGES,

RENFERMANT 400 PROBLÈMES

PAR J. GEORGE.

OUVRAGE EXTRAIT DU COURS D'ARITHMÉTIQUE THÉORIQUE
ET PRATIQUE.
AUTORISÉ PAR LE CONSEIL DE L'INSTRUCTION PUBLIQUE.

TRENTE-HUITIÈME ÉDITION, REVUE ET MODIFIÉE

*D'après les observations transmises à l'auteur par M. le Ministre
de l'Instruction publique.*

PARIS.

Librairie Ecclésiastique, Classique et Élémentaire

DE CH. FOURAUT et FILS

Rue Saint-André-des-Arts, 47.

1875

PREMIERS ÉLÉMENTS D'AGRICULTURE, par MM. BENTZ et CHRÉTIEN (de Roville.) Cet Ouvrage, auquel M. le Ministre de l'Agriculture a Souscrit pour **600** francs, a Obtenu une *Médaille d'Argent* de la Société pour l'Instruction Élémentaire de Paris. Il est divisé en 2 Volumes qui se vendent Séparément.

—Tome 1ᵉʳ, traitant : des Notions d'Histoire Naturelle; du Sol; des Engrais; des Amendements et des Stimulants. 1 vol. in-18, 7ᵉ édit. revue et augmentée, cart.   80 c.

— Tome 2ᵉ, traitant des Systèmes de Culture; des Assolements et des Rotations; de la Culture spéciale des Plantes; de l'Économie rurale, mais surtout de l'Éducation du Bétail, 5ᵉ édit. Augmentée de Notions sur la Culture du Mûrier et l'Éducation des Vers à Soie, et de Figures dans le texte, 1 vol. in-18. cart.   80 c.

— Les deux volumes réunis en un seul, cartonné.   1 fr. 60 c.

COURS ÉLÉMENTAIRE DE DESSIN LINÉAIRE, D'ARPENTAGE ET D'ARCHITECTURE, adapté à tous les modes d'enseignement; par J.-B. Henry (des (Vosges); perspective revue par Thénot. Nouvelle édition, composée de 80 Planches, gravées sur acier, donnant 580 dessins gradués. Texte en regard. 1 vol. in-8°, cart.   2 fr. 60 c.

EXERCICES GRADUÉS POUR LA LECTURE COURANTE DES MANUSCRITS, *Autorisés par le Conseil de l'Instruction publique*, par M. A. Rendu fils; Recueil divisé en 4 Parties, composées chacune de 32 pages in-8°, et renfermant les matières suivantes :

1ʳᵉ Partie. Beaux Traits d'Histoire et Anecdotes Morales.
2ᵉ Partie. Notions de Droit Commercial, Modèles d'Actes, Factures, etc., Notions de Droit rural.
3ᵉ Partie. Notions d'Agriculture.
4ᵉ Partie. Notions de Style épistolaire.
Les 4 PARTIES RÉUNIES en 1 vol. in-8° de 128 pages, cart. 1 fr. 30 c.
Chaque partie séparément, brochée ou carton.   32 c.

ESSAI DE GRAMMAIRE FRANÇAISE ÉLÉMENTAIRE, par C. DAVID, Agrégé, Professeur de l'Université. *Ouvrage autorisé par le Conseil de l'Instruction publique*, pour les Écoles Primaires, 9ᵉ Édition, revue. 1 vol. in-12, cart.   75 c.

Tout Exemplaire non revêtu de ma griffe sera réputé Contrefait.

ARITHMÉTIQUE

DÉCIMALE.

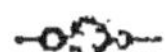

DÉFINITIONS PRÉLIMINAIRES.

1. L'Arithmétique est la science des nombres et du calcul.

2. Le nombre sert à exprimer le résultat de la comparaison de deux quantités de même espèce.

Ainsi, lorsqu'en comparant la longueur du mètre à celle du décimètre, on trouve que cette dernière longueur est contenue *dix fois* dans la première; le résultat de cette comparaison est exprimé par le *nombre* DIX.

3. Tout ce qui peut être augmenté ou diminué se nomme QUANTITÉ.

La *hauteur*, l'*épaisseur*, le *poids* d'un bloc de marbre sont des *quantités*, parce qu'un bloc de marbre peut être plus ou moins haut, plus ou moins épais, plus ou moins pesant.

4. Évaluer une quantité, c'est la comparer à l'unité de son espèce, ou, en d'autres termes, c'est

QUESTIONS. 1. Qu'est-ce que l'*Arithmétique*? —2. A quoi servent les *nombres*? — 3. Qu'entend-on par *quantité*?

chercher combien de fois cette unité la contient ou y est contenue.

5. L'UNITÉ est une quantité arbitraire qui sert à comparer, ou à évaluer d'autres quantités de même nature qu'elle.

Dans les expressions : vingt-cinq *hommes*, trente *chevaux*, huit *mètres*, quatre *francs*, l'homme, le cheval, le mètre, le franc, sont des *unités*.

6. Quand on compare une quantité quelconque à l'unité, il arrive ou que celle-ci y est contenue un nombre exact de fois, ou bien qu'elle y est contenue un nombre de fois exactement plus en partie, ou enfin, qu'elle n'y est contenue que partiellement. De là, trois différentes espèces de nombres :

1° Le *nombre entier*, qui ne renferme que des unités entières ;

Ainsi, les nombres *quatre, quinze, vingt-cinq*, sont des nombres entiers.

2° Le *nombre fractionnaire*, qui se compose d'unités et de parties de l'unité ;

Ainsi, les nombres *cinq et demi, neuf trois quarts, dia-sept trois dixièmes*, sont des nombres fractionnaires.

3° La *fraction*, qui ne contient que partiellement l'unité ;

Ainsi, *quatre cinquièmes, sept huitièmes, neuf vingt-septièmes, trois dixièmes*, sont des fractions.

QUESTIONS. 4. Qu'est-ce qu'*évaluer* une quantité? — 5. Qu'entend-on par *unité*? — Donnez-en un exemple. — 6. A quels résultats différents peut donner lieu la comparaison de deux quantités de même espèce? — Qu'est-ce qu'un nombre entier, une fraction, un nombre fractionnaire? — Donnez-en des exemples.

7. Un nombre est aussi ou *abstrait* ou *concret*.

Il est *abstrait*, lorsque l'espèce des unités qu'il représente reste indéterminée; il est *concret* lorsque l'espèce de ses unités est déterminée.

Les nombres *trente*, *neuf*, *quinze*, sont des nombres abstraits. *Neuf pommes*, *quinze moutons*, *trente arbres*, sont des nombres concrets.

Les nombres abstraits sont constamment employés dans tout ce qui est principe, afin de rendre les opérations plus simples et les raisonnements plus généraux. Les nombres concrets servent dans les applications pratiques.

8. Un nombre est dit *incommensurable* lorsqu'on ne peut exprimer son rapport exact avec l'unité.

9. Le CALCUL est l'art de *composer* et de *décomposer* les nombres, en les soumettant à diverses opérations.

Les opérations servant à la composition des nombres sont : l'ADDITION et la MULTIPLICATION ; celles qui servent à les décomposer sont : la SOUSTRACTION et la DIVISION.

Avant d'opérer sur les nombres, il faut apprendre comment ils se forment. C'est là le but de la NUMÉRATION.

QUESTIONS. 7. Quand un nombre est-il abstrait ? — Quand un nombre est-il concret ? — Donnez des exemples. — Dans quels cas emploie-t-on le plus généralement ces nombres ?—8. Qu'est-ce qu'un nombre incommensurable ?—9. Qu'est-ce que le calcul ? — Quelles opérations servent à la composition des nombres, — à leur décomposition ?

PREMIÈRE PARTIE.

CHAPITRE PREMIER.

NUMÉRATION.

10. La NUMÉRATION nous apprend à former les nombres, à les représenter, à les lire et à les écrire.

11. Elle se divise en *numération parlée* et en *numération écrite*.

La première fait connaître la nomenclature et la loi de formation des nombres.

La seconde donne les moyens de les représenter tous, à l'aide d'un nombre limité de caractères.

Numération parlée.

Formation des nombres entiers.

12. Pour former les nombres entiers, on part de *l'unité* ou *un*, qui, ajouté à lui-même, donne le nombre *deux*. Ce dernier, augmenté de l'unité, forme le nombre *trois*, et successivement, en ajoutant *un* au dernier nombre obtenu, on a les suivants : *quatre, cinq, six, sept, huit, neuf, dix*. Ces dix premiers nombres s'appellent *unités simples*, ou simplement *unités*.

13. On conçoit qu'en opérant ainsi et en donnant un nom particulier à chaque nombre formé, on pourrait les obtenir tous ; mais alors, l'étude

QUESTIONS. 10. Qu'est-ce que la numération ? — 11. Comment se divise-t-elle ? — Quel est le but de la numération parlée, de la numération écrite ? — 12. Comment forme-t-on les premiers nombres entiers ? — Comment sont-ils nommés ? — 13. Pourquoi n'a-t-on pas continué à donner à chaque nombre un nom particulier ?

de la numération exigerait un travail de mémoire beaucoup trop pénible. Pour obvier à cet inconvénient, on est convenu de considérer le nombre *dix*, collection de dix unités simples, comme unité d'une nouvelle espèce, à laquelle on a donné le nom de *dizaine*, de compter par dizaines comme on a compté par unités simples ; de sorte qu'en agissant pour former les dizaines ainsi qu'il a été fait pour les dix premiers nombres, on a :

Une dizaine,	qu'on énonce	*dix.*
Deux dizaines,	—	*vingt.*
Trois dizaines,	—	*trente.*
Quatre dizaines,	—	*quarante.*
Cinq dizaines,	—	*cinquante.*
Six dizaines,	—	*soixante.*
Sept dizaines,	—	*septante.*
Huit dizaines,	—	*octante.*
Neuf dizaines,	—	*nonante.*
Dix dizaines,	—	*cent.*

14. Pour obtenir les nombres compris entre deux dizaines consécutives, on place à la suite du nom de chacune d'elles et successivement, les noms des neuf premiers nombres ; on a alors :

Dix, dix-*un*, dix-*deux* . . . . .Dix-*neuf.*
Vingt, vingt-*un*, vingt-*deux* . . . . .Vingt-*neuf.*
Trente, trente-*un*, trente-*deux*. . . . . . .Trente-*neuf.*
Quarante, quarante-*un*, quarante-*deux*.Quarante-*neuf.*
Cinquante,cinquante-*un*,cinquante-*deux*Cinquante-*neuf.*
Soixante, soixante-*un*, soixante-*deux* . .Soixante-*neuf.*
Septante, septante-*un*, septante-*deux* . .Septante-*neuf.*
Octante, octante-*un*, octante-*deux*. . . . .Octante-*neuf.*
Nonante, nonante-*un*, nonante-*deux*. . .Nonante-*neuf.*

QUESTIONS. 13. Qu'est-ce qu'une dizaine ? — Comment se forment-elles ? — 14. Comment obtient-on les nombres compris entre deux dizaines consécutives ?

1.

Les cent premiers nombres se trouvent donc ainsi formés.

NOTA. On s'écarte de cette règle générale pour les nombres *dix-un, dix-deux, dix-trois, dix-quatre, dix-cinq, dix-six,* auxquels on a substitué les mots *onze, douze, treize, quatorze, quinze, seize.* L'usage a aussi substitué aux mots *septante, octante* et *nonante,* les suivants : *soixante-dix, quatre-vingts, quatre-vingt-dix.* Ainsi, au lieu de *septante-un, septante-deux,* etc., *octante-un, octante-deux,* etc., *nonante-un, nonante-deux,* etc., on dit : *soixante et onze, soixante-douze,* etc., *quatre-vingt-un, quatre-vingt-deux,* etc., *quatre-vingt-onze, quatre-vingt-douze,* etc.

15. Pour former les nombres suivants, on considère le nombre CENT, collection de *dix* dizaines, comme unité d'une nouvelle espèce qu'on nomme *centaine*; on compte par centaines comme on a compté par dizaines et par unités simples; ce qui donne :

Une centaine,	qu'on énonce	*cent.*
Deux centaines,	—	*deux cents.*
Trois centaines,	—	*trois cents.*
Quatre centaines,	—	*quatre cents.*
Cinq centaines,	—	*cinq cents.*
Six centaines,	—	*six cents.*
Sept centaines,	—	*sept cents.*
Huit centaines,	—	*huit cents.*
Neuf centaines,	—	*neuf cents.*
Dix centaines,	—	MILLE.

En écrivant successivement, à la suite de chaque centaine, chacun des quatre-vingt-dix-neuf premiers nombres obtenus, pour former ceux qui sont

QUESTIONS. 14. Comment énonce-t-on les nombres compris entre *dix* et *dix-sept* ? — Par quels mots remplace-t-on *septante, octante, nonante* ?—15. Qu'est-ce qu'une centaine ? — Comment les forme-t-on ? — Comment obtient-on les nombres compris entre deux centaines consécutives ?

compris entre deux centaines quelconques consécutives, on obtient tous les nombres depuis UN jusqu'à MILLE.

16. Le nombre MILLE, collection de *dix* centaines, en formant une quatrième espèce d'unité, constitue en même temps une nouvelle unité principale ; c'est-à-dire que, de même qu'on a compté par *unités simples*, dizaines *d'unités simples*, centaines *d'unités simples*, on compte par unités de *mille*, dizaines de *mille*, centaines de *mille*.

17. La collection de *dix* centaines de mille forme un MILLION, troisième unité principale. *Dix* centaines de millions forment un BILLION, quatrième unité principale, etc.

En formant les *unités*, *dizaines*, *centaines*, de chacune de ces nouvelles unités principales de la même manière qu'on a formé les *unités, dizaines, centaines* d'unités simples, on obtiendra tous les nombres possibles.

Nous désignerons désormais sous les dénominations d'unités du *premier*, du *second*, du *troisième*, du *quatrième* ordre, etc., l'ensemble de *centaines, dizaines* et UNITÉS SIMPLES; de *centaines, dizaines* et *unités* de MILLE ; de *centaines, dizaines* et *unités* de MILLIONS ; de *centaines, dizaines* et *unités* de BILLIONS, etc.

Formation des nombres décimaux.

18. Si l'on considère la loi de formation des diverses unités des nombres entiers, on remarque

que chaque unité d'un rang supérieur en renferme *dix* du rang immédiatement inférieur :

Ainsi, l'*unité* de MILLE vaut *dix* fois une *centaine* ; l'*unité* de CENTAINE vaut *dix* fois une *dizaine*, comme l'*unité* de DIZAINE vaut *dix* fois une *unité simple*.

De sorte que l'unité de rang quelconque n'est que la *dixième* partie de celle du rang immédiatement supérieur.

19. Partant de là, on conçoit l'unité simple comme étant la collection de *dix* unités égales entre elles, appelées *dixièmes*. Et en comptant par dixièmes comme par unités simples, on a :

un   deux   trois   quatre   cinq   six   sept   huit   neuf
dixièm. dixièm. dixièm. dixièm. dixièm. dixièm. dixièm. dixièm. dixièm.

20. De même, le *dixième* peut être considéré comme composé de *dix* unités plus petites appelées *centièmes* ; le *centième*, comme formé de dix unités plus petites appelées *millièmes*, et ainsi de suite ; le *millième* peut se décomposer en *dix dix-millièmes* ; le *dix-millième*, en *dix cent-millièmes* ; le *cent-millième*, en *dix millionièmes*, etc.

21. Les nombres ainsi formés de parties de l'unité de *dix* en *dix* fois plus petites, sont appelés FRACTIONS DÉCIMALES.

22. Lorsqu'un entier est accompagné d'une fraction décimale, il prend alors le nom de NOMBRE DÉCIMAL.

QUESTIONS. 18. Comment forme-t-on les nombres décimaux ? — 19. Qu'est-ce qu'un dixième ? — 20. Qu'est-ce qu'un centième, un millième, etc. ? — 21. Qu'est-ce qu'une fraction décimale ? — 22. Qu'est-ce qu'un nombre décimal ?

Numération écrite.

Manière de représenter les nombres entiers.

23. Les difficultés insurmontables qu'aurait amenées dans les opérations de l'arithmétique l'emploi des caractères ordinaires de l'écriture pour représenter les nombres, ont nécessité l'invention de caractères particuliers appelés *chiffres**.

24. Ces caractères, au nombre de dix, sont :

1   2   3   4   5   6   7   8   9   0

et s'énoncent :

un   deux   trois   quatre   cinq   six   sept   huit   neuf   zéro

25. Les neuf premiers, appelés *chiffres significatifs*, représentent les neuf premiers nombres formés. Le *zéro*, aussi appelé *chiffre d'ordre*, n'a aucune valeur par lui-même ; il sert à conserver aux autres chiffres le rang des unités qu'ils représentent dans les nombres.

26. Pour exprimer, à l'aide de ces *dix* caractères seulement, tous les nombres plus grands que 9,

QUESTIONS. 23. Pourquoi a-t-on créé des caractères particuliers pour représenter les nombres ? — Comment nomme-t-on ces caractères ? — 24. Combien y en a-t-il ? — 25. Qu'entend-on par chiffres significatifs ? — Comment représente-t-on les neuf premiers nombres ? — Qu'est-ce que le zéro ? — Quel est son usage ?

* Toutefois, on a conservé l'écriture ordinaire pour représenter les sommes énoncées dans les effets de commerce, les billets de banque ; et en général, dans les registres de l'état civil et les extraits de ces registres, tous les nombres sont également écrits en lettres ordinaires et non en chiffres, afin de rendre plus difficile l'altération de ces pièces.

on est convenu d'abord que chacun des neuf chiffres significatifs ayant à sa droite un zéro représenterait autant de dizaines qu'il renferme d'unités lorsqu'il est seul ; ainsi :

10 exprime *une dizaine* ou dix.
20   —   *deux dizaines* ou vingt.
30   —   *trois dizaines* ou trente.
40   —   *quatre dizaines* ou quarante.
50   —   *cinq dizaines* ou cinquante.
60   —   *six dizaines* ou soixante.
70   —   *sept dizaines* ou soixante-dix.
80   —   *huit dizaines* ou quatre-vingts.
90   —   *neuf dizaines* ou quatre-vingt-dix.

27. Les nombres compris entre deux dizaines consécutives quelconques s'expriment en remplaçant successivement dans chacune d'elles le zéro par les neuf premiers nombres.

On a donc :

10.	11.	12.	13.	14	15.	16.	17.	18.	19.
20.	21.	22.	23.	24	25.	26.	27.	28.	29.
30.	31	32.	33.	34.	35.	36.	37.	38.	39.
40.	41.	42.	43.	44.	45.	46.	47.	48.	49.
50.	51.	52.	53.	54.	55.	56.	57.	58.	59.
60.	61.	62.	63	64.	65.	66.	67.	68.	69.
70.	71.	72.	73.	74.	75.	76.	77.	78.	79.
80.	81.	82.	83.	84.	85.	86.	87	88.	89.
90.	91.	92.	93.	94	95.	96.	97.	98.	99.

ou tous les nombres depuis 1 jusqu'à 99.

QUESTIONS. 26. Comment exprime-t-on les dizaines ?—27. Comment représente-t-on les nombres compris entre deux dizaines consécutives ?

28. Pour exprimer les centaines, on est convenu que chaque chiffre significatif ayant à sa droite deux zéros, représenterait un nombre de centaines égal à celui des unités qu'il exprime lorsqu'il est seul ;

de sorte que :

100 exprime *une centaine* ou cent.
200 ——— *deux centaines* ou deux cents.
300 ——— *trois centaines* ou trois cents.
400 ——— *quatre centaines* ou quatre cents.
500 ——— *cinq centaines* ou cinq cents.
600 ——— *six centaines* ou six cents.
700 ——— *sept centaines* ou sept cents.
800 ——— *huit centaines* ou huit cents.
900 ——— *neuf centaines* ou neuf cents.

29. Remplaçant successivement dans chaque centaine, d'abord le premier zéro de droite, par les 9 premiers chiffres ; ensuite, les deux zéros par les nombres suivants déjà exprimés,

on obtient :

100. 101. 102. 109. 110. 111. 189. 190. 191. 199.
200. 201. 202. 209. 210. 211. 289. 290. 291. 299.
300. 301. 302. 309. 310. 311. 389. 390. 391. 399.
400. 401. 402. 409. 410. 411. 489. 490. 491. 499.
500. 501. 502. 509. 510. 511. 589. 590. 591. 599.
600. 601. 602. 609. 610. 611. 689. 690. 691. 699.
700. 701. 702. 709. 710. 711. 789. 790. 791. 799.
800. 801. 802. 809. 810. 811. 889. 890. 891. 899.
900. 901. 902. 909. 910. 911. 989. 990. 991. 999.

ou tous les nombres depuis 1 jusqu'à 999.

QUESTIONS. 28. Comment représente-t-on les centaines ? — 29. Comment représente-t-on les nombres compris entre deux centaines consécutives ?

30. Pour représenter les mille, dizaines de mille, centaines de mille, les millions, dizaines de millions, centaines de millions, etc., on opère d'après les mêmes conventions; de sorte que les unités de mille tiennent dans les nombres le 4e rang à partir de la droite, les dizaines de mille le 5e, les centaines de mille le 6e, et ainsi de suite.

Manière de représenter les nombres décimaux.

31. De même que le mode de formation des parties décimales n'est qu'une conséquence naturelle du mode adopté pour celle des nombres entiers, de même aussi, la manière dont on représente ceux-ci nous indique un moyen très-simple d'exprimer les premiers.

En effet, si dans le nombre 11, par exemple, le chiffre de droite n'exprime que la *dixième* partie de celui de gauche, l'analogie nous conduit à conclure que ce dernier placé à la droite de l'autre peut être considéré comme représentant une unité *dix fois* plus petite que *un* ou *un dixième*, et par suite, que l'un quelconque des neuf chiffres significatifs mis à droite de l'unité peut exprimer autant de *dixièmes* que l'indique son nom.

32. D'après cela, en séparant par une virgule le chiffre des dixièmes de celui des unités, et en représentant ce dernier par zéro, on a :

0,1   0,2   0,3   0,4   0,5   0,6   0,7   0,8   0,9

qu'on énonce :

un   deux   trois   quatre   cinq   six   sept   huit   neuf
dixièm. dixièm. dixièm. dixièm. dixièm. dixièm. dixièm. dixièm. dixièm.

QUESTIONS. 30. Comment représente-t-on les unités, dizaines, centaines de mille, les unités, dizaines, centaines de millions ? — Quel rang occupe dans les nombres chacune de ces diverses unités ? — 31. Comment représente-t-on les nombres décimaux ? — 32. Quelle place occupent les dixièmes à droite de la virgule ?

33. Le rang des dixièmes étant ainsi fixé, les mêmes considérations font placer les *centièmes* à la droite des dixièmes, les *millièmes* à la droite des centièmes, et ainsi de suite. Enfin, le zéro sert également à maintenir les unités d'une espèce quelconque dans le rang qu'elles doivent occuper, en tenant lui-même la place des diverses espèces qui manquent.

Conséquences tirées de la numération décimale.

34. Le système de numération développé ci-dessus est appelé *système de numération décimale.*

1° Parce que les nombres sont formés d'unités de *dix* en *dix* fois plus grandes ou plus petites ;

2° Parce qu'ils se représentent tous à l'aide de *dix* caractères seulement.

35. En examinant attentivement les diverses conventions qui servent de base à la numération décimale, on remarque :

1° Que les lois d'après lesquelles sont formés et représentés les nombres entiers et les nombres décimaux sont identiquement les mêmes.

Ainsi, chaque unité des nombres entiers est formée de la collection de *dix* unités de l'espèce immédiatement inférieure ; de même, chaque unité des parties décimales se compose de la collection de *dix* unités de l'espèce qui la suit immédiatement.

QUESTIONS. 33. Quel rang occupent les centièmes, les millièmes, les dix-millièmes, à droite de la virgule, dans les nombres décimaux ? — 34. Pourquoi le système de numération ci-dessus développé est-il appelé numération décimale? — 35. En quoi diffère la formation des nombres entiers de celle des nombres décimaux ?

2° Que tout chiffre significatif a deux valeurs : l'une, invariable, appartenant à sa forme ; l'autre, variable, dépendant de la place qu'il occupe dans les nombres. La première se nomme valeur *nominative* ou *absolue* ; la seconde, valeur *locale* ou *relative*.

Dans le nombre décimal 34,072, les chiffres 3, 4, 7 et 2 ont pour valeur absolue *trois*, *quatre*, *sept*, *deux*, et pour valeurs relatives 3 *dizaines*, 4 *unités*, 7 *centièmes*, 2 *millièmes* ; le zéro remplace les *dixièmes* qui manquent.

3° Que l'unité d'un chiffre représentant soit des entiers, soit des parties décimales, a toujours une valeur *dix* fois plus petite que celle du chiffre qui le précède, et *dix* fois plus grande que celle du chiffre qui le suit.

Ainsi, une *dizaine* est *dix* fois plus grande qu'une *unité*, et *dix* fois plus petite qu'une *centaine* ; un *millième* est *dix* fois plus grand qu'un *dix-millième* et *dix* fois plus petit qu'un *centième*.

36. On remarque également qu'un nombre entier devient *dix*, *cent* ou *mille* fois plus grand ou plus petit, selon qu'on écrit ou qu'on supprime à sa droite *un*, *deux* ou *trois* zéros.

En effet, dans le premier cas, le nombre contenant *un*, *deux* ou *trois* chiffres de plus, chacun de ceux qui le composaient d'abord représentera des unités 10, 100 ou 1000 fois plus grandes; le nombre entier lui-même sera donc 10, 100 ou 1000 fois plus grand. Dans le second cas au contraire, le nombre contenant *un*, *deux* ou *trois* chiffres de moins, chacun des chiffres restants exprimera

QUESTIONS. 35. Combien un chiffre significatif a-t-il de valeurs? — Qu'est-ce que la valeur locale ou relative d'un chiffre ? — Qu'est-ce que sa valeur nominative ou absolue ? — 36. Comment rend-on un nombre entier 10, 100 ou 1000 fois plus grand ou plus petit?

des unités 10, 100 ou 1000 fois plus petites ; le nombre entier lui-même sera donc rendu 10, 100 ou 1000 fois plus petit.

37. De même, tout nombre décimal devient *dix*, *cent* ou *mille* fois plus grand ou plus petit, selon qu'on avance la virgule de *un*, *deux* ou *trois* rangs vers la droite, ou qu'on la recule de *un*, *deux* ou *trois* rangs vers la gauche.

La virgule servant à indiquer le rang des dixièmes, il est clair qu'en la changeant de place pour la porter à droite ou à gauche, on change la valeur primitive du nombre. De plus, ce nombre devient 10, 100 ou 1000 fois plus grand ou plus petit, selon que la virgule a été avancée ou reculée de *un*, *deux* ou *trois* rangs vers la droite ou vers la gauche ; car chacun des chiffres exprime des unités 10, 100, 1000 fois plus grandes dans le 1er cas, et 10, 100, 1000 fois plus petites dans le 2e.

38. D'où il suit que pour diviser un nombre quelconque par 10, 100 ou 1000, il suffira de séparer à sa droite, par une virgule, *un*, *deux* ou *trois* chiffres.

39. Enfin, on ne change pas la valeur d'un nombre décimal en écrivant à sa droite un nombre quelconque de zéros.

En effet, en écrivant plusieurs *zéros* à la suite d'un nombre décimal, sans déplacer la virgule, la partie de ce nombre plus grande que l'unité ne change évidemment pas ; de plus, chaque chiffre significatif de la partie décimale, occupant, à droite de la virgule, le même rang qu'il occupait auparavant, représente également les mêmes unités : la partie décimale n'a donc pas changé de valeur ; donc le nombre lui-même n'a pas varié.

Exercices sur la formation des nombres entiers et décimaux, et sur la manière de les représenter.

1. Quelle place les unités de million occuperont-elles dans un nombre, par rapport aux unités simples ?

2. Quelle est l'espèce d'unité immédiatement supérieure aux dizaines de mille ?

3. Entre quelles espèces d'unités les centaines de mille sont-elles placées ?

4. Combien faut-il de dizaines d'unités simples pour faire une centaine de mille ?

5. Quelle est l'espèce d'unité qui vaut à elle seule dix mille centaines ?

6. Quel rang occupera dans un nombre le chiffre 9 exprimant des centaines de millions ?

7. Le chiffre 6 occupe dans un nombre le 5e rang à gauche ; quelles unités représente-t-il ?

8. Quelle place occupera dans une fraction décimale le chiffre des millionièmes ?

9. Quelles unités représente dans un nombre décimal le chiffre 3 placé au 4e rang à droite de la virgule ?

10. Si l'on représente dans un nombre les centaines de mille par un zéro, quel rang devra-t-il occuper ?

11. Un nombre a deux zéros ; l'un placé au 3e rang à partir de la gauche, le 2e au rang des dizaines de mille ; quelles unités remplace le 1er ? quel rang occupe le 2e ? Le chiffre des plus hautes unités de ce nombre tient le 11e rang ; quelles sont ces unités ?

12. Rendre 100 fois plus grande l'expression 3,047.

13. Rendre le nombre 5,789 cent fois plus petit.

14. Rendre l'expression 4,372 cent fois plus grande; de combien de rangs déplacera-t-on la virgule ?

15. Quel changement subira le nombre décimal 357,32, si l'on y supprime la virgule?

16. Que deviendra la virgule dans le nombre décimal 432,72 devenu 1 000 fois plus grand ?

17. Rendre 0,437 mille fois plus petit ; quelle sera alors l'unité représentée par le chiffre 7 ?

18. Que deviendra 978,0356, en reculant la virgule de deux rangs vers la gauche ? quelle unité représentera alors le chiffre 3 ?

19. Que deviendra 3,4579 en avançant la virgule de trois rangs vers la droite? quelles unités représentera alors le chiffre 5?

20. Rendre 100 fois plus petit le nombre 3057,42 .

21. Rendre 1 000 fois plus petite la fraction 0,4507 ; quelles unités représentera alors le chiffre 7 ?

22. Rendre 10 000 fois plus grande la fraction 0,3 ; quelles seront les plus hautes unités du résultat ?

23. Rendre le nombre 37 successivement dix, cent, mille fois plus petit, et dix, cent, mille fois plus grand.

24. Le chiffre 5 représente dans un nombre des dizaines de mille ; quelles unités représentera-t-il si l'on rend ce nombre 100 fois plus grand ?

25. Le chiffre 9 occupe dans un nombre entier le 5e rang à partir de la droite; à quel rang sera-t-il placé si l'on rend ce nombre 1 000 fois plus grand ?

26. Le chiffre 3 représente des millions dans un nombre ; quelles unités représentera-t-il si on rend ce nombre 10 000 fois plus petit ?

27. Le chiffre 4 occupe le 2e rang à partir de la droite dans un nombre; à quel rang sera-t-il placé si l'on rend ce nombre 1 000 fois plus grand?

28. Le chiffre 7 occupe le 2e rang à droite de la virgule dans un nombre décimal; quelles unités représentera-t-il si l'on rend ce nombre 1 000 fois plus grand ?

Manière de lire et d'écrire les nombres entiers.

40. La division régulière des nombres entiers en *unités*, *dizaines* et *centaines* d'unités d'ordres différents, nous conduit naturellement à diviser tous les nombres en *tranches de trois chiffres*, à partir de la droite : la 1re tranche se nommera la tranche des *unités simples* ; la 2e, celle des *mille* ; la 3e, celle des *millions* ; la 4e, celle des *billions* ; la 5e, celle des *trillions*, etc. Et chacune d'elles renfermera des unités, des dizaines et des centaines de chaque ordre, à l'exception de la dernière à gauche, qui pourra ne contenir que des dizaines et des unités, ou des unités seulement de l'ordre le plus élevé.

Les trois nombres suivants nous donnent un exemple de ces différents cas.

Billions.	Millions.	Mille.	Unités.
3 1 7	9 7 8	5 3 4	6 4 2
5 1	3 3 5	4 8 3	7 3 6
8	5 4 3	5 7 9	8 4 3
Centaines.. *Dizaines..* *Unités....*	*Centaines..* *Dizaines..* *Unités....*	*Centaines..* *Dizaines..* *Unités....*	*Centaines..* *Dizaines..* *Unités....*

41. Cette propriété des nombres entiers offre un moyen facile : 1° de les lire lorsqu'ils sont écrits ; 2° de les écrire lorsqu'ils sont énoncés.

QUESTIONS. **40.** Comment est-on conduit à diviser les nombres entiers en tranches de trois chiffres? — Comment cette division a-t-elle lieu ? — Combien la dernière tranche à gauche pourra-t-elle avoir de chiffres ?

1° *Manière de lire les nombres entiers.*

42. Pour lire un nombre entier quelconque, on le divise d'abord en tranches de trois chiffres[*], en commençant par la droite, et on lit successivement, à partir de la gauche, chaque tranche comme si elle était seule, en ayant soin de désigner pour chacune l'espèce des unités qu'elle représente.

D'où il résulte que pour lire tous les nombres entiers possibles, il suffit de savoir lire un nombre composé de trois chiffres seulement.

43. Pour lire un nombre de trois chiffres, on le décompose en ses unités, dizaines et centaines, puis on énonce chacune d'elles successivement en commençant par la gauche.

Premier exemple. *Lire le nombre 652.*

Pour cela, on le décompose en 6 centaines ou *six cents* ; en 5 dizaines ou *cinquante*, et en 2 *unités* ; commençant ensuite par la gauche, on lit *six cent cinquante-deux unités.*

Remarque. On conçoit que, si, au lieu de représenter des unités simples, le nombre 652 représentait des unités de mille ou de million, on le lirait absolument de la même manière ; seulement, on

QUESTIONS. 42. Comment lit-on un nombre entier quelconque? —43. Comment lit-on un nombre entier composé de trois chiffres?

---

[*] La plupart des auteurs, pour indiquer cette division, emploient des virgules qu'ils placent entre chaque tranche. L'emploi des virgules dans cette circonstance pouvant causer de la confusion, surtout à l'occasion des nombres décimaux dans lesquels elle sert à séparer les parties décimales des unités entières, il est mieux de s'en passer alors, et de laisser un espace sensible entre chaque tranche.

remplacerait dans son énoncé le mot *unités* par *unités de mille* ou simplement *mille* ; par *unités de million* ou simplement *millions* ; on lirait donc, dans le 1er cas, *six cent cinquante-deux mille*, et, dans le second, *six cent cinquante-deux millions*.

Deuxième exemple. *Lire le nombre* 35794783247.

Pour y parvenir, on le divise d'abord en tranches de trois chiffres ainsi qu'il suit :

$$35\,794\,783\,247.$$

Appelant ensuite à partir de la droite, chaque tranche par le nom des unités qu'elle représente pour reconnaître l'ordre de celles de la dernière à gauche, on dit sur la 1re, *unités* ; sur la 2e, *mille* ; sur la 3e, *millions* ; sur la 4e, *billions*. Les plus hautes unités du nombre proposé sont donc de l'ordre des billions, et comme la tranche qui les renferme ne contient que deux chiffres, ces plus hautes unités sont des dizaines de billions. Cela posé, on lit en partant de la gauche : *trente-cinq* BILLIONS, *sept cent quatre-vingt-quatorze* MILLIONS, *sept cent quatre-vingt-trois* MILLE, *deux cent quarante-sept* UNITÉS.

44. Si, au lieu d'être abstrait, le nombre proposé était concret, c'est-à-dire, s'il représentait des quantités déterminées, on le lirait de la même manière ; seulement, en terminant la lecture, on remplacerait le mot UNITÉS par le mot désignant les quantités représentées.

Ainsi, dans l'exemple précédent, si le nombre à lire avait dû représenter des HOMMES, on aurait lu ainsi qu'il suit : *trente-cinq* BILLIONS, *sept cent quatre-vingt-quatorze* MILLIONS, *sept cent quatre-vingt-trois* MILLE, *deux cent quarante-sept* HOMMES.

QUESTIONS. 43. Comment lira-t-on un nombre terminé par des zéros ? — 44. Comment lira-t-on un nombre concret ?

2° *Manière d'écrire les nombres entiers.*

45. De même que, pour lire un nombre entier quelconque, il suffit de savoir en lire un composé de trois chiffres ; de même pour l'écrire, il suffit de savoir en écrire un composé également de trois chiffres. Ceci est la conséquence naturelle de la marche suivie pour lire ou énoncer les nombres.

46. Pour écrire un nombre de trois chiffres, *on le décompose en ses centaines, dizaines et unités ; puis on écrit successivement à la droite l'un de l'autre, en commençant par les centaines, les chiffres qui les représentent.*

Premier exemple. Écrire le nombre énoncé *trois cent quarante-cinq.*

Pour cela, on dit : en trois cent quarante-cinq, il y a trois centaines, quatre dizaines, et cinq unités. On écrit d'abord le chiffre 3 des centaines, et successivement le chiffre 4 des dizaines à droite du chiffre 3 des centaines, et le chiffre cinq des unités à droite de celui des dizaines. Le nombre 345 représente le nombre énoncé.

Remarque. Si, au lieu de représenter des *unités simples,* le nombre 345 devait représenter des *mille* ou des *millions,* il serait facile de l'exprimer, en se rappelant que les *mille* doivent occuper le 4°, et les *millions* le 7° rang à partir de la droite, dans les nombres écrits ; on mettrait alors à la droite du chiffre 5 représentant des *mille,* trois *zéros* qui occuperaient la place des *centaines, dizaines* et *unités* manquantes ; ou, à la droite du même chiffre représentant des *millions*, on écrirait six *zéros*, qui tiendraient lieu des *centaines, dizaines* et *unités de mille*, des *centaines, dizaines* et *unités simples*. Les nombres *trois cent quarante-cinq* MILLE et *trois cent quarante-cinq* MILLIONS s'écriraient donc :

$$345\,000 \qquad 345\,000\,000$$

Deuxième exemple. Écrire le nombre *quarante-sept* BILLIONS, *trois cent soixante-cinq* MILLIONS, *huit cent cinquante-neuf* MILLE *six cent vingt-huit* UNITÉS.

Pour cela, on dit : en *quarante-sept* BILLIONS, il y a 4 dizaines de billions et sept billions ; on écrit donc d'abord le nombre 47. On continue : en *trois cent soixante-cinq* MILLIONS, il y a 3 centaines, 6 dizaines et 5 unités de millions ; on écrit le nombre 365 à la suite du nombre 47. On poursuit en disant : *huit cent cinquante-neuf* MILLE renferment 8 centaines, 5 dizaines et 9 unités de mille, et on place le nombre 859 à la droite des deux premiers déjà écrits. Enfin, *six cent ving-huit* UNITÉS renferment 6 centaines, 2 dizaines et 8 unités qui se représentent par le nombre 628 qu'on met à la droite des trois premiers. Le nombre 47 365 859 628, ainsi écrit, représente le nombre énoncé.

47. Si le nombre proposé manquait de plusieurs espèces d'unités comprises entre les unités simples et les unités plus élevées qu'il renferme, on remplacerait chacune d'elles par des zéros.

Troisième exemple. Écrire le nombre énoncé *trois* BILLIONS, *quatre cent sept* MILLIONS, *sept* MILLE, *trente-quatre* UNITÉS.

On écrira d'abord le chiffre 3 représentant des billions; quatre cent sept millions renfermant 4 centaines et 7 unités de millions; on placera un zéro entre ces deux chiffres pour tenir la place des dizaines de millions, et on écrira le nombre 407 à la suite du chiffre 3; de même, la tranche des mille devant manquer de centaines et de dizaines, on les remplacera par deux zéros, et l'on écrira à la suite le chiffre 7. Enfin, la tranche des unités devant manquer de centaines, on les représentera de même par un zéro placé à gauche du nombre 34 qui exprime les dizaines et les unités.

Le nombre 3 407 007 034, exprimera le nombre énoncé.

Exercices sur la manière de lire et d'écrire les nombres entiers.

29. Lire les nombres 37 ; 43 ; 95 ; 306 ; 367 ; 458 ; 704.

30. Lire les nombres 968473 ; 654362 ; 35497 ; 23045 ; 037 ; 6457 ; 36007 ; 47029 ; 70000403.

31. Lire les nombres 357894658 ; 429654379 ; 32435678 ; 45976543 ; 5164732 ; 8979867 ; 80003009.

32. Lire les nombres 357902507 ; 5743218 ; 3457903 ; 67891012234345 ; 10000200030456 ; 700008009 ; 203478500302 ; 10230040005670809.

33. Exprimer en langage ordinaire les nombres suivants : 4573204957 ; 3798402507004 ; 679080040502 ; 300040700203507 ; 5379040605020 ; 78409000030.

34. Énoncer les nombres 3500073002 ; 980401005 ; 567400000907 ; 32690432 ; 5000000047020900.

35. Écrire en chiffres les nombres — quatre-vingt-dix-sept *unités* ; — soixante-quinze *unités* ; — trois cent quatre-vingt-trois *unités* ; — neuf cent quatre-vingt-dix-neuf *unités*.

36. Écrire en chiffres les nombres — trois *mille*, six cent quarante-quatre *unités* ; — quarante-cinq *mille*, trois cent neuf *unités* ; — neuf cent quatre-vingt-dix-neuf *mille*, neuf cent quatre-vingt-dix-neuf *unités*.

37. Écrire en chiffres les nombres — six *millions*, sept cent soixante-quinze *mille*, huit cent quatre-vingt-quatorze *unités* ; — soixante-dix *millions*, huit cent quatre *mille*, trente-trois *unités*.

38. Écrire en chiffres les nombres — cent-quatre-vingt dix *millions*, huit cent soixante-douze *mille*, trente-sept *unités* ; — neuf cent quatre-vingt-dix-neuf *millions*, neuf cent quatre-vingt-dix-neuf *mille*, neuf cent quatre-vingt dix-neuf *unités*.

39. Écrire en chiffres les nombres — quatre cent sept *millions*, soixante-dix-huit *mille*, cent quatre *unités* ; — huit cents *millions*, trois *mille*, quatre *unités* ; — quinze cents *millions*, trois cent cinq *unités*.

40. Écrire en chiffres les nombres — trois cent quarante-six *billions*, huit cent soixante-quinze *millions*, huit cent cinquante-deux *mille*, cinq cent quarante-sept *unités* ; — six cent soixante-neuf *billions*, neuf cent trente-quatre *millions*, quatre cent soixante-seize *mille*, six cent quatre-vingt-quinze *unités*.

41. Écrire en chiffres les nombres — quinze cent *billions*, huit *millions*, sept cent quatre *mille*, soixante-deux *unités* ; — neuf *trillions*, quarante-cinq *millions*, trois mille, soixante-sept *unités* ; — quarante-cinq *quatrillions*, deux cent quatre *millions*, trente-neuf *unités* ; — sept cent *quintillions*, quatre cent quatre *mille*, trente-sept *unités*.

Manière de lire les nombres décimaux.

48. Il y a trois manières de lire les nombres décimaux ; la 1re consiste à lire le nombre proposé, comme s'il ne renfermait que des unités entières, en ayant soin toutefois de donner à la dernière unité énoncée le nom qui lui est assigné par le rang qu'elle occupe à droite de la virgule.

Ainsi le nombre décimal 789,4075 se lira :
Sept millions, huit cent quatre-vingt-quatorze mille, soixante-quinze dix-millièmes;
Le chiffre qui occupe le quatrième rang à droite de la virgule représentant des dix-millièmes.

49. La 2e méthode consiste à lire séparément la partie entière et la partie décimale, en considérant cette dernière comme un nombre entier, et en donnant toujours à ses dernières unités de droite le nom qui leur convient, d'après le rang qu'occupe à droite de la virgule, le chiffre qui les représente.

D'après cela, le nombre décimal 789,4075 se lira :
Sept cent quatre-vingt-neuf unités, quatre mille soixante-quinze dix-millièmes.

50. Enfin, la 3e manière consiste à lire d'abord la partie entière comme si elle était seule, puis la partie décimale, en appelant, après chaque chiffre, les unités décimales qu'il représente.

Dans ce dernier cas, le nombre 789,4075 se lira :
Sept cent quatre-vingt-neuf unités, quatre dixièmes, zéro centièmes, sept millièmes, cinq dix-millièmes.
Cette dernière méthode est rarement employée.

QUESTIONS. 48. Combien y a-t-il de manières de lire un nombre décimal? — 49. 50. Indiquez chacune de ces méthodes.

2.

51. Ce que nous venons de dire pour les nombres décimaux doit s'appliquer aux fractions décimales, dans lesquelles d'ailleurs le zéro qui précède la virgule est regardé comme tenant lieu des unités entières.

La lecture des nombres décimaux et des fractions décimales n'offre donc pas d'autres difficultés que celle des nombres entiers, quel que soit d'ailleurs celui des trois modes indiqués qu'on emploie.

Manière d'écrire les nombres décimaux.

52. La manière d'écrire un nombre décimal dépend de celle dont il est énoncé.

Ainsi, le nombre *vingt-trois mille quatre cent cinquante-huit millièmes,* s'écrira d'abord comme s'il représentait des unités entières, c'est-à-dire 23 458 ; puis, pour exprimer qu'il représente des millièmes, on séparera trois chiffres sur sa droite par une virgule.

Le nombre 23,458 ainsi écrit représente le nombre décimal énoncé.

53. Si le nombre décimal est énoncé ainsi qu'il suit : *vingt-trois unités quatre cent cinquante-huit millièmes,* alors on écrira le nombre 23 comme s'il était seul, et à sa droite, le nombre *quatre cent cinquante-huit,* comme s'il représentait un second nombre entier. On les séparera par une virgule.

Ainsi, 23,458 représente le nombre énoncé.

54. Il y a lieu de considérer ici un cas particulier qui se présente assez fréquemment: c'est celui où une fraction décimale manque des premières unités à droite de la virgule.

Alors, on écrit le nombre tel qu'il est énoncé comme s'il était entier, et l'on met à la gauche de la partie décimale autant de zéros qu'il est nécessaire pour conserver au dernier chiffre à droite le rang des unités qu'il représente.

Ainsi, le nombre décimal *trois unités quarante-sept dix-millièmes*, s'écrira en plaçant à la gauche de la partie décimale 47 deux zéros pour remplacer les centièmes et les dixièmes qui manquent, et le nombre **3,0047**, ainsi écrit, représentera le nombre énoncé.

55. Enfin, si le nombre décimal proposé est énoncé ainsi qu'il suit : *trente-cinq unités, trois dixièmes, quatre centièmes, cinq millièmes*, on écrira d'abord le nombre entier 35 ; après avoir mis une virgule à sa droite, on placera successivement à la droite l'un de l'autre les chiffres 3, 4, 5, représentant les dixièmes, centièmes et millièmes énoncés.

Ainsi, **35,345** représente le nombre énoncé.

56. Dans le cas où le nombre énoncé aurait manqué de dixièmes ou d'autres unités, on les aurait remplacés par des zéros.

Ainsi, le nombre décimal *trois unités, six centièmes, sept dix-millièmes, trois millionièmes*, s'écrira **3,060703**, le 1.er zéro remplaçant les *dixièmes*, le 2° les *millièmes*, et le 3° les *cent-millièmes* qui n'ont pas été énoncés.

QUESTIONS. 54. 56. Comment écrit-on un nombre décimal énoncé ou une fraction décimale, lorsqu'ils manquent d'une ou de plusieurs des unités qui suivent immédiatement la virgule.

Exercices sur la manière de lire et d'écrire les nombres décimaux.

42. Lire les nombres décimaux écrits, 45,4792 ; 34,345 ; 6,0708 ; 956,4002, 3,79405.

43. Lire les expressions décimales, 3,0407 ; 0,007302 ; 45,700203 ; 0,0000579 ; 4327,009999.

44. Lire les fractions décimales, 0,4796 ; 0,07042 ; 0,30504 ; 0,00304 ; 0,583627.

45. Lire les expressions décimales, 36,070908403 ; 0,00005 ; 3578,450007 ; 45,679800402 ; 6,4700030201 ; 0,200030004 ; 3,0004502703 : 57908,04030020001.

46. Écrire les nombres décimaux suivants : — trois cent trente-six *mille*, six cent trois *millièmes ;* — vingt-cinq *unités*, soixante-huit *dix-millièmes ;* — sept *unités*, trois *dixièmes*, sept *millièmes*, quinze *millionièmes.*

47. Écrire les nombres décimaux suivants : — quatre-vingt-dix-sept *billions*, dix-huit *mille*, trois cent huit *millionièmes ;* — six *millions*, soixante-dix-huit *mille*, quatre *dix-billionièmes ;* — trente-six *millions*, six cent soixante-quinze *mille*, neuf cent cinquante-cinq *dix-mil-lièmes.*

48. Écrire les fractions décimales, — trois *mille*, sept cent-*millièmes ;* — quatre-vingt-six *mille*, trente sept *dix-millionièmes ;* — sept *dixièmes*, trois *centièmes*, neuf *dix-millièmes*, trois *millionièmes*, huit *billionièmes ;* — dix-neuf *centièmes*, quarante-cinq *millionièmes.*

57. Les Romains représentaient les nombres au moyen des sept lettres suivantes:

I   V   X   L   C   D   M

qui s'énoncent:

un.   cinq.   dix. cinquante. cent. cinq cents. mille.

et valent:

1   5   10   50   100   500   1000

58. Ces mêmes lettres, surmontées d'un trait, représentent des nombres mille fois plus grands. Ainsi :

$\overline{I}$ $\overline{V}$ $\overline{X}$ $\overline{L}$ $\overline{C}$ $\overline{D}$ $\overline{M}$

expriment :

1 000 5 000 10 000 50 000 100 000 500 000 1 000 000

59. Surmontées de deux traits, elles expriment des nombres un million de fois plus grands. Ainsi :

$\overline{\overline{I}}$ $\overline{\overline{V}}$ $\overline{\overline{X}}$ $\overline{\overline{L}}$

valent :

1 000 000   5 000 000   10 000 000   50 000 000

$\overline{\overline{C}}$ $\overline{\overline{D}}$ $\overline{\overline{M}}$

valent :

100 000 000   500 000 000   1 000 000 000

QUESTIONS. 57. A l'aide de quels signes les Romains exprimaient-ils leurs nombres?—Combien en employaient-ils?—Quelle était la valeur de chacun d'eux ? -- 58. Que devenait cette valeur lorsque ces signes étaient surmontés d'un trait, — 59. de deux traits ?

Les mille premiers nombres étant connus, on a donc ainsi le moyen de former tous les nombres de mille en mille fois plus grands.

60. La manière d'exprimer en chiffres romains les mille premiers nombres repose sur les trois conventions suivantes :

1° Un chiffre placé à la droite d'un autre égal ou plus grand s'ajoute avec lui ;

2° Un chiffre placé à la gauche d'un autre d'une valeur plus grande s'en retranche ;

3° Un chiffre placé entre deux chiffres supérieurs se retranche de celui qui le suit.

D'après cela, VI formé du chiffre V et du chiffre I placé à sa droite, représente le nombre 6 ; IV qui se compose des mêmes chiffres, avec cette seule différence que I se trouve à la gauche de V, représente le nombre 4 ; enfin, XIV formé des deux chiffres X et V entre lesquels est placé le chiffre inférieur I, représente le nombre 14.

61. Il suit de ces trois conventions qu'on peut toujours se dispenser d'écrire le même chiffre plus de trois fois de suite.

62. Le tableau ci-contre représente les nombres en chiffres romains correspondants aux mille premiers nombres exprimés en chiffres ordinaires.

Chiffres ordinaires				Chiffres romains.		
1	2	3	4	I	II	III	IV
	5	6	7	V	VI	VII	
	8	9	10	VIII	IX	X	
	11	12	13	XI	XII	XIII	
	14	15	16	XIV	XV	XVI	
	17	18	19	XVII	XVIII	XIX	
	20	21	29	XX	XXI	XXIX	
	30	31	39	XXX	XXXI	XXXIX	
	40	41	49	XL	XLI	XLIX ou IL	
	50	51	59	L	LI	LIX	
	60	61	69	LX	LXI	LXIX	
	70	71	79	LXX	LXXI	LXXIX	
	80	81	89	LXXX	LXXXI	LXXXIX	
	90	91	99	XC	XCI	XCIX ou IC	
	100	101	199	C	CI	CXCIX ou CIC	
	200	201	299	CC	CCI	CCIC	
	300	301	399	CCC	CCCI	CCCIC	
	400	401	499	CD	CDI	CDIC ou ID	
	500	501	599	D	DI	DIC	
	600	601	699	DC	DCI	DCIC	
	700	701	799	DCC	DCCI	DCCIC	
	800	801	899	DCCC	DCCCI	DCCCIC	
	900	901	999	CM	CMI	IM	
	1000			M			

Usages des nombres exprimés en chiffres romains.

63. Les nombres exprimés en chiffres romains sont d'un emploi très-fréquent comme nombres d'ordre ; ils servent aussi à représenter les dates et

QUESTIONS. 59. 62. Écrire en chiffres romains un nombre quelconque. — 63. A quel usage emploie-t-on plus particulièrement la numération romaine ?

les millésimes dans les inscriptions monumentales ; enfin, on les emploie constamment pour distinguer la pagination des matières mises en tête d'un volume comme *introduction*, *notice* ou *préface*, de celle des matières formant le corps de l'ouvrage.

Exercices *sur les nombres romains.*

49. Écrire en chiffres romains le nombre 4789.

50. Représenter en chiffres ordinaires le nombre MDCXLIV.

51. Écrire en chiffres romains le millésime 1857.

52. Énoncer le nombre MCCCLIX ; écrire ce nombre en chiffres ordinaires.

53. Énoncer le nombre $\overline{\overline{XIV}}\overline{XIV}XIV$, et l'écrire en chiffres ordinaires.

54. Écrire en chiffres romains le nombre 310 307 430.

55. Écrire $\overline{\overline{XV}}\overline{D}XXII$ en chiffres ordinaires.

56. Énoncer les divers nombres représentés par $\overline{X}$, $\overline{D}$, $\overline{C}$, $\overline{V}$, $\overline{\overline{I}}$.

57. Les nombres LXLIX et IC sont-ils différents ?

58. Écrire en chiffres romains le nombre 25847.

59. Écrire en chiffres romains le nombre 5799007.

60. Écrire en chiffres romains le nombre 90074002.

CHAPITRE II.

Système légal des Poids et Mesures Métriques.

64. L'application la plus importante du *système de numération décimale* est celle qui en a été faite aux unités du système légal des poids et mesures métriques.

65. Par UNITÉ DE MESURE ou simplement MESURE, on entend une grandeur déterminée qui sert à évaluer d'autres grandeurs de même espèce.

66. ÉVALUER une grandeur quelconque, c'est chercher combien de fois *l'unité de mesure* la contient ou y est contenue. Cette opération s'appelle aussi MESURER.

67. On peut avoir à MESURER une *longueur*, une *surface*, un *volume*, la *capacité* d'un vase, le *poids* d'un corps, la *valeur* d'un lingot ou d'une quantité quelconque. Chacune de ces opérations exigeant une mesure conforme à sa nature, on a dû créer autant d'espèces d'unités de mesures qu'il en fallait pour satisfaire à tous ces besoins.

68. L'ensemble de toutes ces mesures, et les diverses relations qui les lient entre elles forment ce qu'on appelle un SYSTÈME de poids et mesures.

QUESTIONS. 64. Quelle est l'application la plus importante du *Système de numération décimale?* — 65. Qu'entend-on par *mesure* ou *unité de mesure?*—66. Qu'est-ce que mesurer?—67. Y a-t-il plusieurs espèces de mesures? — 68. Qu'est-ce qu'un système de poids et mesures?

69. Le système adopté en France est celui des poids et mesures MÉTRIQUES, ainsi appelé, parce que toutes ses unités dérivent d'une seule et même unité appelée MÈTRE, qui en est la BASE.

70. Il est aussi appelé *système légal*, parce que l'usage et la construction des mesures employées sont autorisés et réglementés par des lois.

Unités principales du système métrique.

71. Les diverses unités principales du système métrique sont au nombre de six, savoir:

Le **Mètre**, mesure ou unité de *longueur*.

L'**Are**, mesure ou unité de *superficie*.

Le **Stère**, mesure ou unité de *volume*.

Le **Litre**, mesure ou unité de *capacité*.

Le **Gramme**, mesure ou unité de *poids*.

Le **Franc**, mesure ou unité de *monnaie*.

La monnaie sert à estimer les valeurs.

Ces unités se désignent en plaçant la lettre initiale de chacune d'elles au-dessus du dernier chiffre à droite du nombre qui les représente ; ainsi, pour indiquer que 457 représente des *mètres*, on écrit 457^M ; s'il représentait des *litres* ou des *ares*, on écrirait 457^L ou 457^A.

72. Chacune de ces unités principales a ses *multiples* et ses *sous-multiples*, à l'exception du franc, qui n'a pas de multiples *décimaux*.

73. Une quantité est dite *multiple* d'une autre,

lorsqu'elle contient cette autre un certain nombre de fois exactement.

74. Un *sous-multiple* d'une quantité est une quantité plus petite qu'elle, et qui y est contenue aussi un certain nombre de fois exactement.

Formation des multiples et des sous-multiples.

75. Les multiples et sous-multiples des unités métriques sont des quantités de *dix* en *dix* fois plus grandes ou plus petites que l'unité principale.

Ainsi, les multiples du mètre sont 10, ou 100 ou 1000 ou 10000 fois plus grands que le mètre, et ses sous-multiples sont 10, ou 100 ou 1000 fois plus petits que lui; il en est de même pour les autres unités.

76. On a créé, pour les représenter, *sept* mots nouveaux, dont *quatre*, tirés du grec, servent à exprimer les multiples ; et *trois*, venant du latin, expriment les sous-multiples, ce sont :

Pour les multiples.

	DÉCA.	HECTO.	KILO.	MYRIA.
qui signifient	*dix.*	*cent.*	*mille.*	*dix mille.*

Pour les sous-multiples.

	DÉCI.	CENTI.	MILLI.
qui signifient	*dixième.*	*centième.*	*millième.*

Ces *sept* mots combinés avec ceux des six unités principales, forment toute la nomenclature des mesures métriques, qui renferme ainsi seulement *treize* mots nouveaux.

77. Pour exprimer avec ces mots les noms de tous les multiples, il suffit de faire précéder celui de chaque unité principale des mots multiples et sous-multiples qui lui conviennent, ainsi :

Un **Décastère**	représente	*dix* **Stères.**
Un **Hectolitre**	—	*cent* **Litres.**
Un **Kilogramme**	—	*mille* **Grammes.**
Un **Myriamètre**	—	*dix mille* **Mètres.**
Un **Décilitre**	—	un *dixième* de **Litre.**
Un **Centiare**	—	un *centième* d'**Are.**
Un **Millimètre**	—	un *millième* de **Mètre.**

Pour désigner les multiples et sous-multiples des nouvelles mesures, on fait comme pour les unités elles-mêmes ; seulement, on représente les multiples par des initiales majuscules, et les sous-multiples par des minuscules : ainsi, on exprime que 47,32 représentent des kilomètres et des centimètres en écrivant $47^{\text{KM}},32^{\text{cm}}$.

78. Toutes les mesures n'ont pas le même nombre de multiples et de sous-multiples.

Ainsi l'ARE et le STÈRE n'ont qu'un multiple et qu'un sous-multiple. Le FRANC n'a pas de multiples *décimaux*, et ses deux sous-multiples s'écartent de la loi générale de formation ; ainsi, au lieu de dire un *déci-franc*, un *centi-franc*, on dit un *décime*, un *centime*.

Le tableau ci-contre renferme tous ceux qui sont compris sur la liste annexée à la loi du 4 juillet 1837, avec les signes abréviatifs dont on se sert pour les indiquer, et la valeur numérique de chacun d'eux par rapport à l'unité principale.

QUESTIONS. 77. Comment, à l'aide des sept mots nouveaux, exprime-t-on tous les multiples et sous-multiples des mesures métriques ? — Par quels signes abréviatifs exprime-t-on qu'un nombre représente des multiples ou des sous-multiples de mesures métriques ? — 78. Toutes les mesures métriques ont-elles le même nombre de multiples et de sous-multiples ?

TABLEAU GÉNÉRAL DES MESURES MÉTRIQUES.

Multiples.				ÜNITÉS PRINCIPALES.	*Sous-Multiples.*		
LONGUEUR.							
MM.	KM.	HM.	DM.	M.	dm.	cm.	mm.
Myriamètre. —	Kilomètre. —	Hectomètre. —	Décamètre. —	Mètre. —	Décimètre. —	Centimètre. —	Millimètre.
10,000 mètres.	1,000 mètres.	100 mètres.	10 mètres.	1.	0,1 du mètre.	0,01 du mètre.	0,001 du mètre.
SUPERFICIE.							
	HA.			A.		ca.	
				Mesure agraire.			
•	— Hectare. —	•	—	Are. —	•	— Centiare. —	•
	100 ares.			1.		0,01 de l'are.	
VOLUME.							
			DS.	S.	ds.		
•	•	•	— Décastère —	Stère. —	Décistère. —	•	•
			10 stères.	1.	0,1 du stère.		
CAPACITÉ.							
ML.	KL.	HL.	DL.	L.	dl.	cl.	ml.
Myrialitre. —	Kilolitre. —	Hectolitre. —	Décalitre. —	Litre. —	Décilitre. —	Centilitre. —	Millilitre.
1,000 litres.	1,000 litres.	100 litres.	10 litres.	1.	0,1 du litre.	0,01 du litre.	0,001 du litre.
POIDS.							
MG	KG.	HG.	DG.	G.	dg.	cg.	mg.
Myriagramme. —	Kilogramme. —	Hectogramme. —	Décagramme. —	Gramme. —	Décigramme. —	Centigramme. —	Milligramme.
10,000 grammes.	1,000 grammes	100 grammes.	10 grammes.	1.	0,1 du gramme.	0,01 du gramme.	0,001 du gramme.
MONNAIE.							
				F.	d.	c.	
Le franc n'a pas de multiples décimaux.				Franc. —	Décime. —	Centime. —	•
				1.	0,1 du franc.	0,01 du franc.	

79. Il résulte de tout ce qui précède, que, dans le système métrique comme dans la numération décimale, le nombre 10 sert à former toutes les unités plus grandes ou plus petites que l'unité simple ou principale, et que, pour passer des unités principales aux unités plus grandes ou plus petites, il suffit de rendre les nombres qui les représentent 10, 100, 1000 fois plus grands dans le premier cas, et 10, 100, 1000 fois plus petits dans le second; d'où l'on doit conclure que la formation des unités du système métrique n'est qu'une simple application de la numération décimale; donc les nombres décimaux peuvent s'appeler également *nombres métriques*; de là, le nom de *système décimal*, etc., qui lui est aussi donné.

Rapports des diverses unités métriques avec le mètre; leurs usages.

80. L'unité fixe et invariable qui sert de base au système métrique, et de laquelle dérivent toutes les autres est le MÈTRE.

81. Le MÈTRE, *unité linéaire*, est une longueur égale à la dix-millionième partie du quart du méridien terrestre.

Il est employé, ainsi que ses sous-multiples, pour mesurer les longueurs, les étoffes, les ouvrages de menuiserie ou de maçonnerie. Les chapeliers et les tailleurs s'en servent pour prendre leurs mesures. Le *décamètre,*

QUESTIONS. 79. Quelle différence y a-t-il entre la formation des multiples et sous-multiples des unités métriques et le système de numération décimale? — 80. Quelle est l'unité de laquelle dérivent toutes les unités métriques? — 81. Qu'est-ce que le mètre? — Quels sont ses principaux usages? — Dans quelles circonstances emploie-t-on ses multiples, — ses sous-multiples?

ou *chaîne d'arpenteur*, est construit en fer ; il sert aux arpenteurs pour le lever des plans et la mesure des terrains. Le *kilomètre* sert à exprimer les distances entre deux villes. Enfin, c'est en *myriamètres* qu'on exprime la distance d'une contrée à une autre.

82. L'ARE, *unité de superficie*, est une surface carrée* ayant dix mètres de côté et qui contient cent *mètres carrés*.

L'*are* est employé pour exprimer la superficie des terrains de peu d'étendue ; l'hectare s'emploie pour les forêts et les campagnes : ces mesures sont appelées *mesures agraires*. Les surfaces ordinaires s'expriment en *mètres carrés*. La surface d'un pays, d'une contrée, s'exprime en *myriamètres carrés*, unité **100 000 000** de fois plus grande que le *mètre carré*.

83. Le STÈRE, *unité de volume*, est un cube** qui a un mètre de côté ; c'est donc un mètre cube.

On l'emploie sous différentes formes pour la mesure des bois de chauffage, des pierres, des sables, etc. Le *décistère* sert à mesurer les bois de charpente.

84. Le LITRE, *unité de capacité*, est un cube ayant

QUESTIONS. 82. Qu'est-ce que *l'are* ? — Quels sont ses usages? A quoi servent ses multiples, — ses sous-multiples ? — Qu'est-ce qu'un carré, un mètre carré ? — 83. Qu'est-ce que le stère ? — Qu'est-ce qu'un cube ? — Quels sont les usages du stère ? — A quoi servent ses multiples, — ses sous-multiples ?

---

* Le carré est une surface plane comprise entre quatre lignes droites égales et perpendiculaires l'une à l'autre. Le carré dont le côté est un mètre, représente un mètre carré.

** Le cube est un volume formé de six faces carrées égales et perpendiculaires l'une à l'autre. Ce volume a la forme d'un dé à jouer.

un décimètre de côté, ou un décimètre cube, volume 1,000 fois plus petit que le mètre cube.

Le *litre* sert, sous formes cylindriques, à mesurer les liquides et les matières sèches. Ses sous-multiples servent pour le détail dans les boutiques ; ses multiples s'emploient pour des quantités plus considérables.

85. Le GRAMME, *unité de poids*, est le poids d'un centimètre cube *d'eau distillée, ramenée à son maximum de densité* *, c'est-à-dire à la température de 4 degrés du thermomètre centigrade**.

Le *gramme* et ses sous-multiples ne sont employés que par les lapidaires et les joailliers pour constater le poids des bijoux et des pierres précieuses. Ses multiples servent à déterminer les poids de toutes les denrées qui se vendent journellement dans le commerce. Les poids sont construits en fer ou en cuivre.

QUESTIONS. 84. Qu'est-ce que le *litre?*—Quels sont ses usages? — A quoi servent ses multiples, — ses sous-multiples ? — 85. Qu'est-ce que le gramme? —Quels sont ses usages ?—A quoi servent ses multiples, — ses sous-multiples ? — Qu'est-ce que la densité d'un corps? — Qu'est-ce qu'un thermomètre? — 86. Qu'est-ce que le franc ?

---

* La densité d'un corps est la quantité plus ou moins grande de *matière propre* qu'il renferme sous un volume déterminé. Pour avoir une idée exacte de la densité d'un corps, de l'eau distillée par exemple, il faut concevoir qu'un volume de cette eau, égal à un centimètre cube, peut contenir une plus ou moins grande quantité de *matière propre*, suivant le degré de température auquel il se trouve. L'expérience a démontré que le maximum de densité de l'eau distillée, c'est-à-dire l'état où elle contient le plus de matière propre sous le même volume, est à la température de quatre degrés centigrades au-dessus de zéro.

** Le *thermomètre* est l'instrument qui sert à mesurer les variations de la température des corps avec lesquels on le met en contact. Le thermomètre centigrade est divisé, à partir du zéro jusqu'au point marquant ébullition de l'eau, en cent parties égales appelées degrés.

86. Le FRANC, *unité monétaire*, est une pièce d'argent pesant 5 grammes, et contenant 9 dixièmes d'argent fin et 1 dixième de cuivre.

Exercices *sur le système métrique.*

61. Écrire en chiffres le nombre décimal : trois mille soixante-quinze, et exprimer que ce nombre renferme des mètres et des centimètres.

62. Écrire en chiffres l'expression : cent sept millièmes, et exprimer qu'elle représente des millimètres.

63. Indiquer que le nombre décimal 4382,575 représente des mètres, des multiples et sous-multiples du mètre; — énoncer le nombre de chacune des unités qu'il renferme.

64. Écrire en chiffres : cinq hectares, cent soixante-quinze centiares; indiquer si ce nombre contient des ares.

65. Écrire en chiffres : trente mille, cinq cent sept centièmes; exprimer ce nombre en hectares, ares et centiares.

66. Évaluer en hectares, ares et centiares, l'expression décimale 5309,35.

67. Combien y a-t-il de décalitres dans 345,07 ?

68. Combien y a-t-il d'hectolitres dans 30000 ?

69. Évaluer en litres, multiples et sous-multiples du litre, l'expression 3507,432.

70. Indiquer que l'expression décimale 0,7 renferme des décistères.

71. Traduire en décastères, stères et décistères, l'expression 347,9.

72. Trouver ce que pèse en grammes et en ses multiples et sous-multiples, un corps dont le poids est représenté numériquement par l'expression 30 749,057.

73. Écrire l'expression décimale : trois millions, cent sept millièmes, et exprimer chacune de ses unités en grammes, multiples et sous-multiples du gramme.

74. Exprimer que le nombre décimal 357,75 représente des francs et des centimes.

75. Écrire le nombre quatre mille, trois ; exprimer qu'il contient des francs, des décimes et des centimes.

76. Énoncer en francs, décimes et centimes, l'expression décimale 345,75.

77. Combien y a-t-il de mètres dans 345^{KM} ?

78. Combien un tonneau de 15^{HL} contient-il de litres ?

79. Combien y a-t-il de millimètres dans 25^{DM} ?

80. Écrire 7 kilolitres, 8 hectolitres, 5 décalitres, 2 litres, 3 décilitres, 6 centilitres, 9 millilitres.

81. Écrire 5 kilogrammes, 3 décagrammes, 4 décigrammes, 5 milligrammes.

82. Combien y a-t-il de centimes dans 205 décimes ?

83. En 8 décagrammes combien de centigrammes

84. Combien y a-t-il d'hectomètres dans 35^{MM} ?

85. Une pièce de toile contient 5^{DM}, combien contient-elle de décimètres ?

86. Combien y a-t-il de centiares dans 4^{HA}, 6^{A}, 3^{CA} ?

87. Représenter en chiffres le nombre de milligrammes contenus dans 45^{DG} 25^{dg}.

88. Combien 25^{DS} contiennent-ils de décistères ?

89. Un franc d'argent pèse 5 grammes, combien pèsent 100 francs ?

90. Un bois contient 87^{HA} de terrain ; exprimer sa superficie en ares.

91. Le cours d'un ruisseau a 385^{HM} de long, combien a-t-il de centimètres ?

92. Une muraille à 1225^{cm} de haut; exprimer sa hauteur en mètres.

93. La capacité d'un vase est de 47^{DL}; combien contient-il de décilitres ?

94. Exprimer en décistères le volume d'un madrier de 3 mètres cubes.

95. Combien un tonneau de 250^{L} contient-il de décalitres ?

96. Combien 1985 centimes valent-ils de francs ?

97. Combien 485^{HM} valent-ils de kilomètres ?

98. Combien 25^{HA} valent-ils d'ares ?

99. Combien 3107^{G} valent-ils de kilogrammes ?

100. Combien 1 mètre cube contient-il de litres ?

101. On sait qu'un décimètre cube vaut 1 000 centimètres cubes; quel est le poids en grammes d'un litre d'eau distillée ?

102. Dix litres de liquide pèsent 92^{KG}; quel est le poids d'un décilitre de ce liquide ?

103. Un hectog. de marchandises coûte 5 fr. 25 c.; quel sera le prix d'un kilogramme ?

104. 10 francs d'argent pèsent 50 grammes; quel est le poids de 10,000 francs ?

105. Une pièce de 2 francs pèse 10 grammes; combien un sac plein de ces pièces et pesant 1^{KG} en renferme-t-il ?

106. Exprimez en francs la valeur de 38 700 décimes.

107. Quel est le poids de 1 000 000 de fr. argent ?

108. Un décistère de bois vaut 3 francs, à combien reviendrait le stère?

109. En 45 kilomètres combien de mètres?

110. En 26 hectog. 9 décag. combien de grammes?

111. Combien 475 décagrammes valent-ils de milligrammes?

112. Un franc d'argent pèse 5 grammes; quel sera le poids d'une pièce de 10 centimes?

113. La circonférence d'un arbre est de 25^{DM}; l'exprimer en millimètres.

114. Le volume d'un tronc d'arbre est de 9^a; l'exprimer en décistères.

115. La capacité d'une cuve est de 7 mètres cubes; combien contient-elle de décalitres?

116. Combien un réservoir de la contenance de 20 mètres cubes d'eau en contient-il de kilolitres?

117. Un hectolitre de blé coûte 28 francs; dire le prix d'un décalitre.

118. 1 hectolitre de vin coûtant 135 francs; quel sera le prix du litre?

119. Le quintal métrique pèse 500^{KG}; évaluer son poids en grammes.

120. 1 kilogramme de laine coûte 10 francs; quel sera le prix d'un quintal métrique?

121. Un litre de vin pèse 880 grammes; quel est le poids d'un hectolitre?

122. On demande 3 fr. 25 c. pour conduire un mètre cube de terre; combien demandera-t-on pour en conduire cent mètres cubes?

CHAPITRE III.

87. Les opérations fondamentales de l'arithmétique sont : l'*addition*, la *soustraction*, la *multiplication*, la *division*.

La première et la troisième de ces opérations servent (8) à composer les nombres ; la deuxième et la quatrième, à les décomposer.

88. Toute opération offre quatre objets à considérer ; ce sont : 1° la DÉFINITION, 2° la RÈGLE, 3° l'EXEMPLE, 4° la PREUVE.

1° La DÉFINITION indique le but de l'opération ;

2° La RÈGLE donne la marche à suivre pour l'effectuer ;

3° L'EXEMPLE sert à appliquer la règle, à la rendre plus claire et plus intelligible ;

4° La PREUVE a pour but de vérifier l'exactitude du résultat.

Des Problèmes.

89. Un problème est une question plus ou moins compliquée, dont la réponse doit satisfaire aux conditions exprimées dans son énoncé.

Ainsi dans le problème suivant : *un marchand a vendu*

QUESTIONS. 87. Quelles sont les opérations fondamentales de l'arithmétique ? — 88. Combien y a-t-il d'objets à considérer dans chaque opération?—Qu'est-ce que la définition ? — Qu'est-ce que la règle ?—A quoi sert l'exemple ? — Quel est le but de la preuve ? — 89. Qu'est-ce qu'un problème ?

dans un jour 3 kilog. de café; le lendemain, il en a vendu 9 kilog. ; combien en a-t-il vendu en tout ?

La condition à laquelle doit satisfaire la réponse à cette question devra exprimer la somme des deux ventes; c'est là la condition du problème.

90. Résoudre un problème, c'est déterminer d'abord, et effectuer ensuite les opérations indiquées pour arriver au résultat; ce résultat se nomme la *solution* du problème.

Il suit de là, que la seule difficulté importante pour résoudre un problème consiste à déterminer les opérations qu'il faut effectuer pour arriver sûrement à la solution. Dès qu'il ne reste plus qu'à opérer, c'est une affaire de simple calcul tout à fait indépendante du problème lui-même.

91. On conçoit facilement qu'il est impossible de donner une règle générale pour résoudre les problèmes. L'intelligence de l'élève est le seul guide qui puisse le conduire sûrement à un résultat satisfaisant.

Des Signes d'arithmétique.

92. En résolvant un problème, on est toujours conduit à indiquer diverses opérations qui doivent, lorsqu'elles sont effectuées, en donner la solution; on emploie, à cet effet, certains signes abréviatifs, que l'on nomme *signes de l'arithmétique.*

Ces différents signes sont : les signes d'égalité, d'addi-

QUESTIONS. 90. Qu'est-ce que résoudre un problème? —Quelle est la principale difficulté qu'offre la solution d'un problème? — 91. Est-il possible de donner une règle générale pour résoudre des problèmes?—92. Quels sont les différents signes de l'arithmétique? — Quel est leur usage?

tion, de soustraction, de multiplication, de division, de comparaison ou de rapport.

Le signe d'égalité est $=$ et s'énonce *égale.*
»   d'addition est $+$ »   *plus.*
» de soustraction est $-$ »   *moins.*
»   de multiplic. est $\times$ »   *multiplié par.*
»   de division est $\vdots$ »   *div. par ou est à.*
» de comparaison est $\vdots\vdots$ »   *comme.*

De sorte que

Les expressions   signifient
$3 + 4 = 7$ *3 plus 4 égale 7*
$5 - 3 = 2$ *5 moins 3 égale 2.*
$5 \times 2 = 10$ *5 multiplié par 2 égale 10.*
$8 : 2 = 4$ *8 divisé par 2 égale 4.*
$8 \vdots 4 \vdots\vdots 12 \vdots 6$ *8 est à 4 comme 12 est à 6.*

On indique aussi la division de deux nombres en plaçant le nombre à diviser au-dessus de celui par lequel on doit diviser, et en les séparant par un trait.

Ainsi l'expression $\frac{24}{3}$ indique que le nombre 24 doit être divisé par 3.

REMARQUE. Il existe encore d'autres signes que nous ne faisons pas connaître ici, attendu qu'ils ne sont pas utiles pour la partie seulement élémentaire que nous traitons.

TABLE D'ADDITION.

1 et 1 font 2	4 et 1 font 5	7 et 1 font 8
1 et 2 font 3	4 et 2 font 6	7 et 2 font 9
1 et 3 font 4	4 et 3 font 7	7 et 3 font 10
1 et 4 font 5	4 et 4 font 8	7 et 4 font 11
1 et 5 font 6	4 et 5 font 9	7 et 5 font 12
1 et 6 font 7	4 et 6 font 10	7 et 6 font 13
1 et 7 font 8	4 et 7 font 11	7 et 7 font 14
1 et 8 font 9	4 et 8 font 12	7 et 8 font 15
1 et 9 font 10	4 et 9 font 13	7 et 9 font 16

2 et 1 font 3	5 et 1 font 6	8 et 1 font 9
2 et 2 font 4	5 et 2 font 7	8 et 2 font 10
2 et 3 font 5	5 et 3 font 8	8 et 3 font 11
2 et 4 font 6	5 et 4 font 9	8 et 4 font 12
2 et 5 font 7	5 et 5 font 10	8 et 5 font 13
2 et 6 font 8	5 et 6 font 11	8 et 6 font 14
2 et 7 font 9	5 et 7 font 12	8 et 7 font 15
2 et 8 font 10	5 et 8 font 13	8 et 8 font 16
2 et 9 font 11	5 et 9 font 14	8 et 9 font 17

3 et 1 font 4	6 et 1 font 7	9 et 1 font 10
3 et 2 font 5	6 et 2 font 8	9 et 2 font 11
3 et 3 font 6	6 et 3 font 9	9 et 3 font 12
3 et 4 font 7	6 et 4 font 10	9 et 4 font 13
3 et 5 font 8	6 et 5 font 11	9 et 5 font 14
3 et 6 font 9	6 et 6 font 12	9 et 6 font 15
3 et 7 font 10	6 et 7 font 13	9 et 7 font 16
3 et 8 font 11	6 et 8 font 14	9 et 8 font 17
3 et 9 font 12	6 et 9 font 15	9 et 9 font 18

93. Définition. L'ADDITION est une opération par laquelle *on réunit deux ou plusieurs quantités de même espèce en un seul nombre, qu'on appelle* SOMME ou TOTAL.

Addition des nombres entiers.

94. On répondra à cette question :

Un pommier a produit 7 pommes, un autre en a donné 5, combien les deux en ont-ils produit ? par l'addition du nombre 5 au nombre 7.

Pour cela, on décompose le nombre 5 en ses unités; puis, ajoutant successivement l'une d'elles, d'abord au nombre 7, et ensuite aux résultats obtenus, on a:

$$7+1=8 \; ; \; 8+1=9 \; ; \; 9+1=10 \; ; \; 10+1=11 \; ;$$
$$11+1=12 \; ; \text{ ou enfin } 7+5=12.$$

Les deux pommiers ensemble ont donc produit **12** pommes.

95. Pour être à même d'effectuer l'addition de plusieurs nombres composés*, il suffit de connaître parfaitement, et de mémoire, le résultat de l'addition de deux nombres simples quelconques.

96. On y arrive facilement au moyen du tableau ci-contre, appelé TABLE D'ADDITION.

Cette table se compose de neuf cases, formées par l'addition successive des neuf nombres primitifs à chacun d'eux.

QUESTIONS. 93. Qu'est-ce que l'addition?—Comment en nomme-t-on le résultat ? — 94. Comment se fait l'addition de deux nombres entiers simples ? — 95. Que faut-il connaître pour additionner des nombres composés ? — Définir un nombre simple, composé. — 96. Comment est formée la table d'addition?

---

* Un nombre est composé lorsqu'il renferme plus d'un chiffre; dans le cas contraire, il est simple.

97. Règle. Pour additionner deux ou plusieurs nombres entiers, *on les écrit les uns sous les autres, de telle sorte que les unités se trouvent placées sous les unités, les dizaines sous les dizaines, les centaines sous les centaines, etc.; on souligne le tout par un trait sous lequel s'écrit le total. Cela posé, on fait la somme des unités simples; si cette somme ne surpasse pas neuf, on écrit au-dessous des unités le chiffre qui la représente; si elle surpasse neuf, on la divise en dizaines et en unités, on n'écrit alors que ces dernières, et on retient les dizaines pour les additionner avec celles des nombres proposés. On agit de même à l'égard des unités de chaque espèce; puis, arrivé à la dernière addition partielle, on écrit le résultat tel qu'on le trouve.*

98. Exemple. *Additionner les quatre nombres suivants :* 34567, 84896, 79843. 95967.

Opération.

34567
84896
79843
95967

Total.... 295273

L'opération étant ainsi disposée, on additionne les unités simples, en disant : 7 et 3 font 10, et 6 font 16, et 7 font 23. Dans 23 unités, il y a deux dizaines et 3 unités ; je pose 3 au rang des unités et je retiens les 2 dizaines pour les additionner avec celles de la colonne suivante. Continuant, on dit : 6 et 2 de retenue font

8, et 4 font 12, et 9 font 21, et 6 font 27 ; 27 dizaines contenant 2 centaines et 7 dizaines, je pose 7 sous les dizaines et je retiens les 2 centaines pour les additionner avec celles de la colonne suivante. Passant à cette colonne, on dit : 9 et 2 de retenue font 11, et 8 font 19, et 8 font 27, et 5 font 32, ou 3 mille et 2 centaines ; je pose 2 sous les centaines et je retiens les 3 mille pour les ajouter à ceux de la quatrième colonne. On poursuit : 3 de retenue et 5 font 8, et 9 font 17, et 4 font 21, et 4 font 25, ou 2 dizaines de mille et 5 mille ; je pose 5 sous les mille ; enfin, ajoutant les 2 dizaines de mille à celles de la dernière colonne, on dit : 2 et 9 font 11, et 7 font 18, et 8 font 26, et 3 font 29 ; résultat que j'écris tel que je le trouve, en plaçant le chiffre 9 sous les dizaines de mille, et le chiffre 2 au rang des centaines de mille qu'il représente. On obtient ainsi 295 273 pour *total* des quatre nombres proposés.

99 **Preuve.** La preuve de l'addition peut s'effectuer de plusieurs manières. La plus simple de toutes et la plus concluante consiste à *recommencer l'opération de haut en bas, si elle a été effectuée d'abord de bas en haut ; dans le cas où les résultats obtenus sont identiquement les mêmes, on est certain que l'opération avait été primitivement bien faite.*

100. Un autre moyen de faire la preuve de l'addition consiste à *additionner partiellement d'abord les nombres proposés ; puis, à additionner entre eux les divers totaux obtenus ; le total résultant de l'addition des sommes partielles doit être le même que celui qu'on a obtenu en additionnant les nombres, ainsi qu'il a été dit ci-dessus (97).*

QUESTIONS. 99. Y a-t-il plusieurs manières de faire la preuve de l'addition ? — 99. 100. Indiquez ces diverses méthodes. — 101. Donnez un exemple de chacune d'elles.

101. Exemple. *On propose d'additionner les quatre nombres* 34689, 57321, 24679, 56822.

Opération.

34689
57321
24679
56822
____

TOTAL... 173511

Preuve.

1re addition partielle.	Addition des sommes partielles.	2e addition partielle.
34689	92010	24679
57321	81501	56822
_____	_____	_____
92010 TOTAL 173511		81501

102. La première méthode que nous avons indiquée a sur toutes les autres l'avantage de vérifier les sommes partielles fournies par l'addition de chaque colonne, et d'indiquer, s'il y a lieu, l'espèce d'unité sur laquelle porte l'erreur commise.

Cas particuliers.

103. Il peut arriver 1° que dans les divers nombres à additionner, il s'en trouve qui renferment un ou plusieurs zéros. *On effectue alors l'opération sans avoir égard aux zéros, excepté le cas cependant où toute une colonne ne serait formée que de zéros. On devrait alors dans l'opération, écrire un zéro au-dessous de cette colonne, à moins que l'addition partielle*

des unités du rang immédiatement inférieur n'ait donné lieu à une retenue, qui, en ce cas, représenterait seule, dans le total, l'espèce d'unité qui manque dans les nombres proposés.

104. 2° Que les nombres à additionner soient tous terminés par des zéros, *on commencera alors l'addition à partir du premier chiffre significatif à droite, et on écrira sur la droite du résultat autant de zéros qu'il y en a dans le nombre qui en contient le moins. S'il y a des zéros intermédiaires, on agira ainsi qu'il vient d'être dit ci-dessus.*

105 Les élèves devront effectuer les opérations suivantes qui leur serviront à la fois d'exemples et d'exercices.

Premier cas.		Deuxième cas.	
870304	425017	457000	307200
347903	539004	340000	500200
256007	356025	524300	203000
734502	640036	763000	300000
2208716	1960082	2084300	1310400

106. De ce qu'on a dit qu'il fallait commencer l'addition des nombres entiers par celle des unités simples pour arriver successivement à additionner les unités des rangs supérieurs, il ne faut pas en conclure qu'on ne puisse parvenir au résultat, en commençant l'opération par la gauche.

L'exemple suivant fera comprendre pourquoi on doit préférer opérer par la droite.

QUESTIONS. 104. Comment opère-t-on quand tous les nombres à additionner sont terminés par des zéros ?— 106. Est-on obligé, pour arriver au véritable résultat d'une addition, de la commencer par la droite ? — Ne pourrait-on pas la commencer par la gauche ?

107. Exemple. *Trouver la somme des nombres 4578, 9852, 37043.*

Opération par la gauche.   *Opération par la droite.*

4578	4578
9852	9852
37043	37043

Opération par la gauche.

$$3$$
$$20$$
$$13$$
$$16$$
$$13$$

Total...51473

Opération par la droite.

Total 51473

108. On voit que les deux opérations conduisent effectivement au même résultat; seulement, le mode d'opération par la gauche aurait l'inconvénient d'obliger à une seconde, quelquefois même à une troisième addition; il est donc plus avantageux et plus simple de commencer par la droite.

Addition des nombres décimaux ou métriques.

109. Les nombres décimaux étant composés et représentés (35, 1°) d'après les mêmes lois que les nombres entiers, la marche à suivre pour les additionner est la même que pour ces derniers; seulement, il faut avoir soin, le résultat obtenu, d'y faire occuper à la virgule la même place qu'elle occupait avant l'opération, ou, en d'autres termes, de séparer sur la droite du résultat, autant de

QUESTIONS. 107. Donnez un exemple d'addition faite par la gauche. — Donnez, d'après cet exemple, les motifs pour lesquels il est préférable de commencer l'addition par la droite.—109. Comment se fait l'addition des nombres décimaux ou métriques ?

chiffres qu'il y a de chiffres décimaux dans celui des nombres additionnés qui en contient le plus.

110. Exemple. *Additionner les quatre nombres décimaux* 37,045. 452,49. 35,36. 0,567.

Opération.

37,045
452,49
35,36
0,567

Total... 525,462

L'opération étant ainsi disposée, on procède comme pour les nombres entiers, en additionnant les plus petites unités, on dit: 5 et 7 font 12. En 12 millièmes, il y a 1 centième et 2 millièmes, je pose 2 et je retiens 1 pour l'ajouter aux centièmes, on continue: 6 et 1 de retenue font 7, et 6 font 13, et 9 font 22, et 4 font 26. En 26 centièmes, il y a 2 dixièmes et 6 centièmes, je pose 6 et je retiens 2; passant à la colonne suivante, on dit: 5 et 2 de retenue font 7, et 3 font 10, et 4 font 14; 14 dixièmes valent 1 unité et 4 dixièmes, je pose 4 et je retiens 1 pour l'additionner avec les unités. En continuant ainsi jusqu'à la dernière colonne, on a pour le *total* demandé 525,462.

111. Les élèves s'exerceront à effectuer les additions suivantes.

347,302	357,001	860,274
568,43	834,203	30,002
0,507	35,324	7,437
234,002	0,67	658,287
1150,241	1227,198	1556

112. Pour effectuer l'addition de plusieurs fractions décimales ou métriques, on suit exactement la marche indiquée ci-dessus.

QUESTION. 112. Comment s'effectue l'addition des fractions décimales ou métriques ?

Exemples.

0,357	0,5794	0,3408
0,032	0,7405	0,5026
0,42	0,903	0,2375
0,809	**2,2229**	**1,0809**

PROBLÈMES SUR L'ADDITION.

123. La ville de Bordeaux renferme 194 241 habitants, Marseille en compte 300 131 ; Toulouse, 126 936 ; Nantes, 111 956 ; combien ces quatre villes réunies renferment-elles d'habitants ?

124. Le canal de Saint-Quentin, entre l'Oise et l'Escaut, parcourt 93 380 mètres ; celui de la Somme, entre le canal de Saint-Quentin et la mer, a une longueur de 158 039 mètres ; le canal de Briare, entre la Loire et le Loing, est long de 55 301 mètres ; quelle étendue de terrain parcourent ces trois canaux réunis ?

125. Un particulier achète trois propriétés : la première lui coûte 37 895 fr. ; la deuxième 47 600 fr ; la troisième est payée 95 943 fr. ; il lui reste en portefeuille 178 562 fr. ; combien a-t-il dépensé, que possédait-il ?

126. On a acheté de l'huile 1º 180 kilog., 8 hectog., 7 décag. pour 537 fr. 50 c. ; 2º 150 kilog., 7 hectog., 5 décag. pour 453 fr. 75 c. ; 3º 252 kilog.; 7 hectog., 5 décag. pour 742 fr. 65 c. ; combien en a-t-on acheté ; combien a-t-on déboursé ?

127. Un employé dépense dans l'année 575 fr. 25 c. pour sa nourriture, 467 fr. 50 c. pour son entretien ; son logement lui revient à 362 fr. 75 c.; il lui reste, toutes ces dépenses payées, 994 fr. 50 c , dont 494 fr. 50 c. servent à ses menues dépenses ; à combien se monte son traitement ; que dépense-t-il par an ?

128. On a brûlé dans une bataille 14 005 kilog. de pou-

dre ; il en reste dans les caissons 25 387 kilog. ; un acci-
dent en a fait perdre 1587 kilog. ; les soldats en ont 1851
kilog. ; combien y en avait-il avant la bataille ?

129. Un commerçant a payé quatre effets dans un
jour : le 1er de 375 fr. 75 c. ; le 2e de 547 fr. 35 c. ; le
3e de 759 fr. 65 c. ; le 4e de 839 fr. 25 c. ; il lui reste en
caisse 685 fr. 60 c. ; combien avait-il en tout ?

130. On donne en payement d'une montre en or
trois pièces d'or, dont une de 100 fr., une de 50 fr , une
de 20 fr., et cinq pièces d'argent, dont une de 5 fr., une
de 2 fr., une de 1 fr., une de 0,50 c , et une de 0,20 c. ;
combien a coûté cette montre ?

131. On a acheté 115 litres de vin pour 195 fr. 75 c ;
157 litres pour 227 fr. 75 c. ; 225 litres pour 385 fr. ;
78 litres pour 229 fr. 45 c. ; 475 litres pour 229 fr. 45 c. ;
combien a-t-on acheté d'hectolitres de vin ; combien
a-t-on dépensé ?

132. Un brocanteur fait dans une même journée
quatre marchés différents : il donne pour le 1er 27 fr.
75 c. ; pour le 2e 58 fr. 25 c. ; pour le 3e 127 fr. 80 c ;
pour le 4e 35 fr. 25 c. ; combien a-t-il dépensé, combien
doit-il vendre le tout pour gagner 85 fr. 75 c. ?

133. Un père de famille partage son bien, entre ses
sept enfants, de la manière suivante :

Il donne :

Au 1er	25 hectares,		3817 centiares	et	27 800 f.
Au 2e	33	—	8 925	—	19 560
Au 3e	22	—	4 372	—	32 750
Au 4e	15	—	7 539	—	47 875
Au 5e	18	—	4 756	—	39 325
Au 6e	17	—	2 340	—	40 700
Au 7e	29	—	5 730	—	24 300
Il se réserve	65	—	3 685	—	175 000

à combien s'élève sa fortune en terres et en argent ?

4

134. En quelle année un individu né en 1834 aura-t-il 45 ans?

135. On a reçu 245 fr. d'une part, 357 fr. de l'autre, 562 fr. d'une autre; combien a-t-on reçu en tout?

136. Additionnez les nombres : 45 kilog., 4 hectog., 5 décag.; 35 kilog., 8 décag., 7 gram. et 45 hectog., 4 gram.

137. Un particulier dépense chaque année 3540 fr. il met de côté 1875 fr.; quel est son revenu annuel?

138. Un marchand de vin en a vendu 1° 1270 litres, 2° 487 litres, 3° 1563 litres, 4° 2345 litres; combien en a-t-il vendu d'hectolitres?

139. Trois pièces d'étoffe contiennent : la 1re 35 mèt. 25 cent., la 2e 34 mèt. 75 cent., la 3e 42 mèt. 50 cent.; combien contiennent-elles de mètres en tout?

140. Un particulier achète chez un libraire un ouvrage de 2 fr. 80 c., un autre de 3 fr. 25 c., un 3e de 5 fr. 75 c., enfin un 4e de 24 fr.; que doit-il payer?

141. Un spéculateur a acheté une maison 43700 fr.; il y a fait pour 7980 fr. de réparations, et a réalisé, en la revendant, un bénéfice de 13320 fr.; à combien cette maison lui revenait-elle, et combien l'a-t-il vendue?

142. Un particulier achète une maison 45900 fr.; combien doit-il la vendre pour réaliser un bénéfice de 7800 fr.?

143. La distance de Paris à Nancy est de 330 kilom.; il y en a 136 de Nancy à Strasbourg; quelle est la distance de Paris à Strasbourg, en passant par Nancy?

144. On achète dans un magasin pour 21 fr. 25 c. de canevas, pour 53 fr. 75 c. de laines, pour 45 fr. 30 c. de soies, pour 12 fr. de dessins de tapisseries, et 6 fr. 70 c. d'aiguilles; quel est le montant de la facture?

145. On a payé à compte sur une dette d'abord 585 fr., une autre fois 360 fr. 80 c., ensuite 247 fr. 70 c.; on redoit encore 475 fr. 45 c.; à combien s'élevait cette dette, et combien a-t-on donné en tout?

146. Une ménagère achète au marché pour 8 fr. 50 c. de volailles, 3 fr. 25 c. de poisson, 0 fr. 85 c. d'œufs, 2 fr. 15 c. de légumes, 1 fr. 25 c. de fruits; qu'a-t-elle dépensé?

147. Un voiturier quitte Paris après y avoir chargé 685^{KG} 58^{DG} de marchandises; pendant la route, il charge à une 1re halte, 45^{KG} 25^{DG}; à une 2e halte, 137^{KG} 78^{DG}; enfin, à une 3e halte, il charge 57^{KG} 85^{DG}; quel était le poids de ces marchandises en arrivant à destination?

148. Les départements de la Haute-Saône, du Doubs, du Jura, renferment le 1er 317 706 habit., le 2e 298 072, le 3e 298 477; quelle est leur population totale?

149. Il y a de Paris à Troyes 158 kilomèt., de Troyes à Dijon, il y en a 148; enfin, de Dijon à Besançon, on en compte 93; quelles sont les distances 1° de Paris à Dijon et à Besançon, 2° de Troyes à Besançon?

150. François Ier, monté sur le trône en 1515, mourut à Rambouillet, après un règne de 32 ans; depuis sa mort jusqu'à l'avénement de Louis-Philippe Ier au trône, il s'écoula 283 ans; à quelle époque mourut François Ier, en quelle année Louis-Philippe Ier monta-t-il sur le trône?

151. Depuis l'établissement des rois chez le peuple uif jusqu'à la captivité de Babylone, qui eut lieu en 606 avant J.-C., il s'écoula 474 ans; à quelle date remonte l'établissement de la monarchie?

152. Un vase vide pèse 798 décag.; quel sera son poids, si on y met 38 976 grammes de liquide?

153. Un père a 26 ans de plus que son fils, et celui-ci en a 7 de plus que sa sœur, qui elle-même est âgée de 19 ans; déterminer les âges du père et du fils.

154. On a 3 caisses pesant l'une 13 kilog. 4 décag. de plus que la 2ᵉ, qui pèse 8 kilog. 35 décag. de plus que la 3ᵉ, dont le poids est 17 kilog. 32 hectog. ; quel est le poids total de ces trois caisses et celui de chacune?

155. La fortune d'un particulier se compose d'un bois estimé 75 000 fr., d'une maison de 48 600, et enfin d'un capital de 129 887 fr. ; à combien s'élève-t-elle?

156. Newton, célèbre géomètre anglais, naquit en 1642 et vécut 85 ans ; déterminer l'époque de sa mort.

157. Il s'est écoulé depuis le déluge jusqu'à la vocation d'Abraham 422 ans ; de la vocation à l'entrée des Hébreux dans la terre promise 474 ans ; enfin, depuis cette époque jusqu'à l'établissement des rois, qui eut lieu en 1080 avant J.-C., il s'est écoulé 372 ans ; en quelles années eurent lieu : 1° l'entrée des Hébreux dans la terre promise, 2° la vocation d'Abraham, 3° le déluge?

158. Clovis, véritable fondateur de la monarchie française, naquit en 465, monta sur le trône à l'âge de 16 ans et mourut 30 ans après ; faire connaître les époques de son avénement au trône, de sa mort.

159. Un architecte a reçu 61 854 fr. sur un mémoire ; il lui revient encore, après une réduction de 8 698 fr., un solde de 17 940 fr.; à combien s'élevait ce mémoire?

160. On a gagné 347 fr. 85 c. sur une partie de café qu'on avait payée 983 fr. 45 c.; combien a-t-on dû la revendre?

161. Trois chevaux ont coûté, le 1ᵉʳ 1 550 fr., le 2ᵉ 2 310 fr., le 3ᵉ 1 800 fr.; combien ont-ils coûté ensemble?

162. On a vendu dans une année quatre éditions d'un ouvrage ; la 1ʳᵉ tirée à 4 392 exemplaires, la 2ᵉ à 5 487, la 3ᵉ à 9 923, et la 4ᵉ à 10 092; combien a-t-on vendu d'exemplaires en tout?

163. Un convoi sur le chemin de fer de Paris à Versailles quitte Paris avec 347 voyageurs : à une 1ʳᵉ station, il en reprend 47 ; à une 2ᵉ, il en reçoit 107 ; enfin à une 3ᵉ, il en reprend encore 95 ; quel est le nombre total des voyageurs en arrivant à Versailles?

SOUSTRACTION.

113. Définition. La SOUSTRACTION est une opération par laquelle *on cherche à retrancher l'une de l'autre deux quantités de même espèce.*

114. Le nombre résultant de cette opération s'appelle RESTE, EXCÈS OU DIFFÉRENCE.

Soustraction des nombres entiers.

115. On répondra à cette question : *J'avais 8 amandes, j'en ai mangé 3, combien m'en reste-t-il ?* en soustrayant le nombre 3 du nombre 8.

Pour cela, on décompose le nombre 3 en ses unités $1+1+1$, et soustrayant successivement l'une d'elles d'abord du nombre 8, puis de chaque résultat obtenu, on a ;

$$8-1=7, \ 7-1=6, \ 6-1=5, \ \text{ou} \ 8-3=5.$$

Il me reste donc 5 amandes.

Si le nombre des amandes que j'ai mangées avait été égal au nombre de celles que j'ai reçues, il est évident qu'il ne m'en resterait plus ; par conséquent, le résultat de l'opération serait nul.

116. On conclut de là :.

1° Que l'on peut *augmenter* ou *diminuer* deux nombres d'une même quantité sans *altérer* leur différence ;

2° Que si l'on *augmente* le plus grand nombre d'une certaine quantité, le reste *augmentera* de cette même quantité;

3° Que si l'on *diminue* le plus grand nombre d'une certaine quantité, le reste *diminuera* de cette même quantité.

117. La table d'addition offre un moyen d'obtenir immédiatement la différence de deux nombres dont l'un serait simple, et l'autre assez petit pour que ce résultat fût un nombre simple.

118. Supposons, en effet, que l'on veuille connaître la différence des deux nombres 9 et 16 : en cherchant dans la 3e colonne du tableau suivant, le nombre 16,

$$
\begin{array}{ccc}
9 & \text{et } 1 \text{ font} & 10 \\
9 & - 2 - & 11 \\
9 & - 3 - & 12 \\
9 & - 4 - & 13 \\
9 & - 5 - & 14 \\
9 & - 6 - & 15 \\
9 & - 7 - & 16 \\
9 & - 8 - & 17 \\
9 & - 9 - & 18 \\
\end{array}
$$

on trouve 9 et 7 font 16 ; donc le nombre 7 exprime la différence cherchée.

119. Lorsqu'on est bien exercé à faire ces sortes de soustractions, on peut opérer sans difficulté sur tous les nombres possibles.

120. Règle. Pour soustraire deux nombres l'un de l'autre, *on place le plus petit sous le plus grand, comme pour les additionner ; c'est-à-dire qu'on met les unités sous les unités, les dizaines sous les dizaines, les centaines sous les centaines, etc.; on souligne le tout. Puis, en commençant par la droite, on soustrait chaque chiffre inférieur de son correspon-*

QUESTIONS. **117.** Comment fait-on la soustraction de deux nombres entiers, tels que, l'un étant simple, la différence soit elle-même un nombre simple ? — **120.** Indiquez la règle générale à suivre pour effectuer la soustraction de deux nombres entiers quelconques.

dant supérieur ; enfin, on a soin d'écrire chaque chiffre du résultat au-dessous de ceux dont il provient.

121. Exemple. *Trouver la différence des deux nombres* 7896795 *et* 3542683.

Opération
7896795
3542683
——————
Différence... 4354112

L'opération ainsi disposée, on commence par la droite, en disant: 3 ôtés de 5, il reste 2 que je pose sous les unités. Passant aux dizaines, on dit: 8 ôtés de 9, il reste 1, je pose 1 sous les dizaines; en continuant à soustraire ainsi et successivement les nombres 6 de son correspondant 7, 2 de 6, 4 de 9, 5 de 8, et 3 de 7, et après avoir placé les résultats successifs, 1, 4, 5, 3, 4, sous les unités qu'ils représentent respectivement, on a pour résultat le nombre 4354112 qui exprime la différence cherchée.

122. Preuve. La preuve de la soustraction peut s'effectuer, soit *en ajoutant la différence au plus petit nombre, et l'on obtient alors le plus grand pour somme;* soit *en soustrayant la différence du plus grand nombre, et l'on a alors le plus petit pour reste.*

Preuve de l'opération précédente.

Opérations.

Preuve par addition.	Preuve par soustraction.
3542683	7896795
4354112	4354112
TOTAL. 7896795	DIFFÉRENCE. 3542683

Donc, l'opération avait été bien faite.

QUESTION. 122. Comment fait-on la preuve de la soustraction?

Cas particuliers

123. 1° Il peut arriver, et ce cas se présente très-souvent, que dans le cours d'une soustraction, l'un des chiffres du nombre inférieur soit plus fort que son correspondant supérieur, de sorte qu'il ne peut en être soustrait ; alors, pour rendre la soustraction possible, *on augmente le chiffre supérieur de dix unités de l'ordre qu'il représente* (ce qui augmente le plus grand nombre d'une unité du rang immédiatement supérieur à celui sur les chiffres duquel on opère) ; *du résultat ainsi obtenu, on retranche le chiffre inférieur correspondant, et on écrit au-dessous la différence ; on ajoute une unité au chiffre suivant du nombre inférieur, puis on continue d'opérer comme auparavant.*

Les deux nombres proposés ayant été, par ce moyen, augmentés tous deux d'une même quantité, leur différence n'a pas été altérée (116,1°) ; par conséquent, le résultat obtenu est exact.

124. Exemple. *Soustraire* 75492 *de* 94637.

Opération.

94637
75492
RESTE... 19145

L'opération étant ainsi disposée, on dit : **2** ôtés de **7**, il reste **5**, on pose **5**. Passant aux dizaines, on dit: **9** ôtés de 3, cela ne se peut ; on ajoute alors aux 3 dizaines du nombre supérieur 10 dizaines qui valent une centaine, et retranchant 9 de 13, il reste 4. On augmente le chiffre suivant 4 du nombre inférieur d'une unité de son ordre ou d'une centaine, et on dit : 5 ôtés de 6, il reste 1, que l'on pose sous les centaines. En continuant l'opération, on trouve 5 ôtés de 4, cela ne se peut ; agissant ainsi qu'il vient d'être dit, on a 5 à retrancher de 14, et pour reste 9. Enfin, le dernier chiffre 7 augmenté d'une unité de son ordre étant retranché de 9, on obtient 1 pour reste. La différence cherchée est donc 19145.

125. 2° Le nombre supérieur pourrait contenir un ou plusieurs zéros consécutifs ; dans ce cas, *on effectuerait la soustraction des chiffres du nombre inférieur correspondant à ces zéros, en considérant ces derniers comme autant de* DIX, *et en ayant soin d'augmenter toujours de 1 le chiffre des unités immédiatement plus élevées du nombre inférieur.*

126 **Exemple.** *Retrancher* 34765 *de* 50009.

Opération.

50009
34765

Reste... 15244

Pour effectuer cette soustraction, on dit : 5 de 9, il reste 4, on pose 4 ; 6 de 10, il reste 4, qu'on pose également ; augmentant ensuite le nombre 7 d'une unité, on continue en disant : 8 de 10, il reste 2. De même, ôtant 5 de 10, il reste 5 ; et enfin 4 de 5, il reste 1. La différence entre les deux nombres proposés est 15244.

127. 3° Enfin, il peut arriver que le chiffre inférieur étant un zéro, le chiffre supérieur soit aussi un zéro, ou un chiffre significatif. Dans ce dernier cas, *on écrit au reste le chiffre supérieur lui-même; et dans le premier, on y place un zéro qui tient lieu des unités qui n'existent pas dans les nombres proposés, en exprimant leur différence qui est nulle.*

128. Les élèves effectueront les soustractions suivantes:

Opérations.

40750	76039	80000	94732
30595	50064	60500	67350
10155	25975	19500	27382

129. La manière d'effectuer la soustraction dans les divers cas que nous avons examinés explique assez pourquoi l'on commence cette opération par la droite, et non par la gauche. Nous éviterons d'entrer à ce sujet dans des détails dont l'élève se rendra facilement compte, en essayant lui-même de suivre la marche opposée à celle qui a été indiquée.

130. La soustraction nous fournit aussi un moyen de faire la preuve de l'addition. Ce moyen consiste à *recommencer l'opération par la gauche, et à soustraire successivement chaque somme partielle de celle qu'on avait obtenue dans la première opération. La dernière soustraction doit donner zéro pour résultat, si l'addition a été bien faite.*

QUESTIONS **127.** Comment opère-t-on la soustraction dans le cas où les chiffres correspondants dans les deux nombres sont tous deux des zéros? — Pourquoi effectue-t-on la soustraction par la droite et non par la gauche? — **130.** La soustraction n'offre-t-elle pas un moyen de faire la preuve de l'addition?—Quel est-il?

131. Les preuves directes que nous avons données plus haut étant aussi concluantes que celle-ci, il est plus naturel d'y avoir recours.

Soustraction des nombres décimaux ou métriques.

132. La soustraction des nombres décimaux est soumise aux mêmes règles que celle des nombres entiers; elle se vérifie aussi de la même manière.

133. *Exemple.* *Soit à soustraire le nombre décimal* 35,065 *de 43,427.*

Opération.

$$43,427$$
$$35,065$$
$$\overline{\text{Reste...} \quad 8,362}$$

L'opération étant disposée ainsi que pour les nombres entiers, c'est-à-dire de manière que les unités de même ordre se correspondent, on opère sans faire attention à la virgule, en observant toutes les règles indiquées pour la soustraction des nombres entiers. Ainsi, on dit 5 de 7, il reste 2; 6 de 12, il reste 6; 1 de 4, il reste 3; 5 de 13, il reste 8; enfin, 4 de 4, il reste zéro, que l'on n'écrit pas, attendu qu'un zéro à la gauche d'un nombre qui contient des unités entières, ne change pas la valeur de ce nombre. Le résultat ainsi obtenu, on sépare sur sa droite autant de chiffres qu'il y en a à la droite de la virgule dans les nombres proposés, c'est-à-dire 3 chiffres; on obtient ainsi, pour reste de la soustraction de ces nombres, 8,362.

QUESTIONS. 131. Ce nouveau moyen est-il préférable aux autres? — 132. Comment s'effectue la soustraction des nombres décimaux ou métriques? — 133. Donnez un exemple.

134. La soustraction des nombres décimaux offre cependant un cas particulier qui ne se présente pas dans celle des nombres entiers; c'est celui où l'un quelconque des nombres proposés contient moins de chiffres décimaux que l'autre.

135. Si c'est le plus grand nombre qui contient moins de parties décimales, alors, pour effectuer la soustraction, *il faudra placer à la droite de sa partie décimale un nombre de zéros suffisant pour que la quantité de ces chiffres soit la même dans les deux nombres; l'addition de ces zéros n'altérant en rien (37) le nombre proposé, on effectuera la soustraction après cette préparation, comme si elle n'avait pas été faite.*

136. Si c'est le plus petit nombre qui contient moins de parties décimales, *on pourra se dispenser de faire la préparation indiquée ci-dessus.*

137. Exemples. *Retrancher de* 357,04 *le nombre* 4,9835; *et de* 478,3596 *le nombre* 395,78.

Les opérations se disposeront ainsi qu'il suit:

Opérations.

357,0400	478,3596
4,9835	395,78
352,0565	82,5796

138. Les élèves s'exerceront à effectuer les opérations suivantes:

Opérations.

43,0037	574,0500	4,678	84,07893
0,45	0,9893	3,605	40,30506
42,5537	573,0607	1,073	43,77387

PROBLÈMES SUR LA SOUSTRACTION.

164. Les villes de Paris et de Lyon renferment ensemble 2 149 274 habitants : la population de Lyon s'élève à 323 954 ; quel est le chiffre de celle de Paris ?

165. Le canal du Languedoc, qui réunit la Méditerranée à la Garonne, a une longueur de 227 547 mètres ; celle du canal du centre, qui joint la Saône à la Loire, est de 116 812 mètres ; indiquez la différence entre les longueurs de ces deux canaux.

166. La ville d'Avignon fut la résidence des papes de 1309 à 1377 ; combien de temps a-t-elle joui de ce privilége ?

167. Ce fut en 1436 que Jean Gutenberg inventa à Strasbourg l'art de l'imprimerie ; depuis combien d'années date cette découverte (1875) ?

168. Rome fut bâtie par Romulus en 754 avant J.-C., la république romaine fut établie en 509, et 30 ans avant la naissance du Christ, Auguste prit le titre d'empereur ; combien d'années les Romains eurent-ils leurs rois ; combien de temps dura la république ?

169. Un ouvrier a reçu 27 fr. 75 c. à compte sur son travail de quinze jours, pendant lesquels il a gagné 85 fr. 25 c. ; combien doit-il recevoir encore ?

170. Un mémoire de 7 547 fr. 85 c. supporte une réduction de 569 fr. 75 c. ; quelle somme doit-on payer ?

171. Quel nombre faudrait-il ajouter à 1729 pour obtenir l'année actuelle (1875) ?

172. Louis XIV, roi de France, naquit en 1638, monta sur le trône en 1643 et mourut en 1715 ; on demande quel âge il avait lorsqu'il monta sur le trône, combien de temps il régna, et à quel âge il mourut.

173. Le duché de Lorraine fut réuni à la couronne de France sous Louis XV, en 1737 ; combien y a-t-il d'années (1875) ?

174. Pepin le Bref, 35ᵉ roi de France et fondateur de la 2ᵉ race, s'empara de la couronne en 752. Hugues-Capet, 48ᵉ roi de France et fondateur de la 3ᵉ race, monta sur le trône en 987 ; combien la 2ᵉ race eut-elle de rois et combien de temps régnèrent-ils ?

175. On compte en Europe 276 000 000 habitants ; les divers États européens, la France exceptée, en renferment 239 474 700 ; quelle est la population de la France ?

176. Le lieu habité le plus élevé de l'Europe est l'hospice du grand Saint-Bernard, dans les Alpes. Cet hospice se trouve moins élevé de 2 400 mètres que le sommet du mont Blanc, qui est à 4 800 mètres au-dessus du niveau de la mer ; quelle est sa hauteur ?

177. La ville de Calais, prise par les Anglais en 1347, resta en leur pouvoir jusqu'en 1648 ; pendant combien d'années la conservèrent-ils ?

178. Le département de la Seine, le plus peuplé de la France, renferme 2 151 000 habitants ; le département des Hautes-Alpes, le moins peuplé, en contient 146 368 ; quel est l'excès de la population du premier ?

179. Indiquez l'époque de la naissance d'un individu qui en 1829 avait 96 ans.

180. Un particulier achète pour 43 570 fr. une maison qu'il revend 39 985 fr. ; quelle perte a-t-il éprouvée ?

181. Il y a 383 ans que Christophe Colomb a découvert l'Amérique ; on demande en quelle année a été faite cette importante découverte (1875).

182. La 1re guerre punique dura de 264 avant J.-C. à 241, la 2e de 219 à 202; la 3e de 149 à 146, époque de la destruction de Carthage, ville fondée par Didon en 860 ; faire connaître la durée de chacune de ces guerres, le temps écoulé entre chacune d'elles, le nombre d'années qui s'écoulèrent entre la fondation et la ruine de Carthage.

183. Un lingot d'or pesant 172 kilog. contient 1389 décig. de cuivre ; combien contient-il d'or fin ?

184. Un particulier paie à compte sur une dette de 317 fr. 85 c. une somme de 182 fr. 50 c. ; combien doit-il encore ?

185. Un entrepreneur achète une propriété qu'il revend 43 455 fr. 90 c., avec un bénéfice de 5 642 fr. 35 c. ; combien l'avait-il achetée ?

186. On avait en magasin 3575 mèt. d'étoffe, on en a vendu 897 mèt. ; combien en reste-t-il ?

187. On place dans une entreprise 88795 fr , on en retire 125 300 fr. ; quel est le bénéfice ?

188. On a tiré 845 lit. de vin d'un tonneau qui en contient 1668 lit. ; combien en reste-t-il ?

189. On a acheté 3 865^g d'argent ; on en a reçu immédiatement 9427^{dg} ; combien doit-on en recevoir encore ?

185. On veut revendre 37 850 fr. une maison qui a coûté 28 687 fr. 95 c. ; quel bénéfice veut-on en tirer ?

191. On doit recevoir 9 365 fr. et payer 5 878 fr ; quel est l'excès de la somme à recevoir sur celle à débourser ?

192. Un négociant commence avec un capital de 35 600 fr. ; après un premier inventaire, ce capital ne s'élève plus, tant en espèces qu'en marchandises, qu'à 32 987 fr. 85 c. ; quelle perte a-t-il éprouvée ?

193. Une propriété estimée 37 865 fr. est vendue 6735 fr au-dessous du prix de l'estimation; combien l'acquéreur l'a-t-il payée?

194. Ce fut en 1521, à la bataille de Mézières, que furent tirées les premières bombes dont l'histoire militaire fasse mention; depuis combien d'années en fait-on usage (1875)?

195. En 1492, Christophe Colomb découvrit l'Amérique; en 1497, Vasco de Gama découvrit la route des Indes par le cap de Bonne-Espérance; quel temps s'est écoulé entre ces deux découvertes? de combien d'années datent-elles l'une et l'autre (1875)?

196. Ce fut en 1282, sous le règne de Philippe le Hardi, qu'eut lieu, en Sicile, le massacre célèbre des *Vêpres siciliennes*; ce fut en 1572 qu'eut lieu, sous le règne de Charles IX, le massacre de la Saint-Barthélemy; quel temps s'est écoulé entre ces deux attentats?

197. Philippe le Bel, 11e roi de la 3e race, naquit à Fontainebleau en 1268 et y mourut en 1314; il avait été proclamé roi à Perpignan en 1285; dire combien d'années il régna, à quel âge il monta sur le trône, et à quel âge il mourut.

198. La création du monde remonte à 4004 ans, le déluge à 2348 ans avant J.-C.; combien d'années s'écoulèrent entre la création et le déluge?

199. Louis-Philippe 1er, ex-roi des Français, naquit en 1773 et mourut en 1850; le duc de Nemours naquit en 1814; le prince de Joinville en 1818; le duc d'Aumale en 1822; le duc de Montpensier en 1824; à quel âge mourut Louis-Philippe, quel est celui de chacun de ses fils (1875)?

200. Napoléon, né à Ajaccio en 1769, 1er consul en 1799, proclamé empereur par le sénat en 1804, abdiqua en 1814 et mourut en 1821 dans l'île de Sainte-Hélène; son corps fut ramené en France et déposé à l'hôtel des

Invalides en 1840 ; on demande à quel âge les titres de premier consul et d'empereur lui furent décernés ; combien de temps il régna sous l'un et l'autre titre ; à quel âge il abdiqua ; combien d'années il vécut ; enfin, quel laps de temps s'est écoulé entre l'époque de sa mort et la translation de ses restes mortels en France.

201. Un vase pesant 24 kilog. 6 hectog. 7 décag. contient 18 kilog. 7 hectog. 9 décag. de liquide ; quel est le poids de ce vase vide ?

202. Le duc d'Orléans, né à Palerme en 1810, mourut en 1842 à Neuilly, à la suite d'une chute de voiture ; combien d'années a-t-il vécu ?

203. Un tonneau contenant 147 litres de vin en a perdu 42 litres 75 centilitres ; combien en reste-t-il ?

PROBLÈMES

sur l'Addition et la Soustraction combinées.

204. On a versé à la caisse d'épargne, à diverses reprises, 445 fr., 363 fr., 487 fr., 1258 fr. ; on en a retiré successivement 152 fr., 487 fr., 289 fr., et 778 fr. ; combien y a-t-on versé ; combien en a-t-on retiré, et qu'y reste-t-il ?

205. Une ménagère a reçu 25 fr. ; elle a dépensé 3 fr. 35 c. de légumes, 2 fr. 75 c. pour beurre et œufs, 4 fr. 25 c. de fruit, 7 fr. 65 c. de volailles, et 5 fr. 50 c. de viande ; combien a-t-elle dépensé, que lui reste-t-il ?

206. Un marchand de vin a fait divers achats : le 1er, de 2,850 lit., a coûté 1 595 fr. 75 c. : le 2e, de 6 545 lit., a coûté 4,352 fr. : il a payé pour un 3e, de 3 540 lit., 2 780 fr. 25 c. ; il a revendu le tout pour 9 357 fr. ; combien a-t-il acheté d'hectolitres en tout; combien a-t-il déboursé d'argent; quel a été son bénéfice ?

207. Un particulier possède 375 900 fr. ; il verse en payement d'une maison 95 743 fr.; le chiffre des réparations qu'il y a faites s'élève à 35 866 fr.; le prix de l'ameublement, à 46 900 fr.; il dépose chez un banquier une somme de 25 000 fr. pour ses besoins imprévus, et place le reste en rentes sur l'État; à combien lui revient sa maison; combien a-t-il versé dans les caisses de l'État ?

208. Henri IV, né en 1553, succéda à Henri III à l'âge de 36 ans, fit son entrée à Paris seulement 5 ans après, et mourut assassiné par Ravaillac en 1610; dire les époques de son avénement au trône et de son entrée à Paris; combien de temps il régna et à quel âge il mourut.

209. Un banquier reçoit 25 678 fr. 85 c.; il a à payer 46 763 fr. 35 c.; il lui reste après ses payements 36 887 fr. 65 c.; dire ce qu'il avait en caisse et ce qu'il a dû en tirer pour faire face à ses engagements.

210. Un père avait 35 ans à la naissance de son fils; celui-ci avait 22 ans à la mort de son père, qui arriva 7 ans après celle de sa mère; celle-ci mourut à l'âge de 43 ans; combien d'années le père a-t-il vécu, quelle était la différence de son âge avec celui de sa femme, quel était l'âge du fils à l'époque de la mort de sa mère, à quel âge celle-ci l'avait-elle mis au monde ?

211. Une corbeille de mariée est évaluée à 5 000 fr.; deux châles sont estimés 1 850 fr., les diverses robes 1 245 fr., le voile 395 fr.; le mouchoir et les gants valent 225 fr.; l'une des deux parures est de 890 fr.; à combien revient l'autre ?

212. Une dame a 1 810 fr. à dépenser par an pour sa toilette et ses plaisirs; elle a payé à la marchande de modes 247 fr. 75 c.; à la blanchisseuse 132 fr. 35 c.; à

la tailleuse 78 fr. 30 c.; à son cordonnier 75 fr.; à son
bijoutier 387 fr. 85 c.; au marchand d'étoffes 480 fr.;
combien a-t-elle dépensé, qu'a-t-elle économisé?

213 Un marchand de chevaux s'est engagé à en four-
nir pour 1 706 320 fr.; il en livre d'abord 1 225 et reçoit
645 000 fr.; il en livre une 2e fois 875, et reçoit 275 650
fr.; enfin, après en avoir livré encore 947, il reçoit un
nouvel à-compte de 385 800 fr.; combien a-t-il fourni de
chevaux, quelle somme a-t-il touchée, que doit-il encore
recevoir?

214. Un brocanteur achète des bijoux pour 1 575 fr.,
et les revend en trois lots: il cède le 1er pour 685 fr., le
2e pour 557 fr., le 3e pour 678 fr.; dire son bénéfice.

215. Un particulier lègue par testament 8 500 fr. aux
pauvres, 75 000 fr. pour l'établissement et l'entretien
d'une école; l'un de ses enfants a pour sa part 350 000 fr.;
un autre plus jeune a 375 000 fr., 6 540 sont abandonnés
à son domestique, le reste devant servir à payer ses four-
nisseurs; il avait 980 000 fr. de fortune; on demande ce
qu'il devait lorsqu'il mourut.

216. Un négociant a quatre effets à payer: l'un de
375 fr. 65 c.; un autre de 582 fr. 35 c.; un 3e de 157 fr.
25 c.; un 4e de 545 fr.; il ne peut disposer le jour de l'é-
chéance que de 1 250 fr.; quelle somme a-t-il à payer, que
doit-il emprunter pour tenir ses engagements?

217. Un boulanger possède au 1er janvier 1825 hectolitres de farine;

En janvier, il en a acheté	17525ʰ	et consommé		12347
En février,	—	13878	—	10454
En mars,	—	9540	—	13150
En avril,	—	15390	—	12007
En mai,	—	17003	—	9345
En juin,	—	12315	—	11453
En juillet,	—	17347	—	15439

En août,	il en a acheté	7542^h	et consommé	12357
En septembre,	—	15543	—	14568
En octobre,	—	9456	—	13789
En novembre,	—	18350	—	12578
En décembre,	—	17902	—	15379

on demande combien il a acheté d'hectolitres de farine, combien il en a consommé, et ce qu'il avait en magasin à la fin de chaque mois.

218. Un individu a pour payer ses dettes une somme de 4 800 fr.; il porte à un premier créancier 1 267 fr.; à un second 783 fr.; enfin à un troisième 1 929 fr.; combien devait-il, combien lui reste-t-il?

219. Un négociant commence avec un capital de 45 600 fr., dont 40 000 francs en marchandises: après un 1er inventaire, il a 17 345 fr. en espèces et effets de commerce, et 34 587 fr. 75 c. en marchandises; quel est le montant de son capital à cette époque? trouver la différence entre ce dernier et le capital primitif.

220. Philippe de Valois, né en 1293, succéda à Charles IV en 1328, et mourut à *Nogent-le-Roi* en 1350, 4 ans après la fameuse bataille de Crécy, qu'il perdit contre Édouard d'Angleterre; dire à quel âge il monta sur le trône, combien d'années il régna, à quel âge il mourut; en quelle année eut lieu la bataille de Crécy.

139. Définition. — La MULTIPLICATION est une opération par laquelle *on répète un nombre appelé* multiplicande *autant de fois qu'il y a d'unités dans un autre nombre appelé* multiplicateur.

140. Le résultat de cette opération se nomme *produit*.

141. Le *multiplicande* et le *multiplicateur* pris ensemble sont appelés *facteurs du produit.*

142. Les produits d'un nombre par 2, 3, 4, etc. sont appelés les *multiples* de ce nombre.

Doubler, tripler, quadrupler un nombre, c'est le multiplier par 2, par 3 ou par 4.

Multiplication des nombres entiers.

143. La question suivante :

Un maître donne quatre oranges à chacun de ses trois élèves, combien en a-t-il donné en tout ?

doit se résoudre par une multiplication.

Le *produit* qui, d'après l'énoncé de la question, doit représenter des oranges, aura pour facteurs les nombres 4 comme *multiplicande*, et 3 comme *multiplicateur.* Il est évident, en effet, que pour avoir la totalité des oranges distribuées, il faudra répéter 4 autant de fois que l'indique le nombre des élèves, c'est-à-dire 3 fois ; ce qui revient à faire la somme de 3 nombres égaux à 4. La multiplication de 4 par 3 peut donc s'effectuer de la manière suivante :

$$4$$
$$4$$
$$4$$
Produit... 12

Le nombre des oranges données est donc 12.

144. Mais on conçoit que dans le cas où le multiplicateur serait un nombre un peu considérable, cette manière d'opérer deviendrait très-longue et même impraticable. Cette considération a donné naissance à la _multiplication_, qui n'est qu'un moyen plus simple d'arriver au même résultat.

145. 4 multiplié par 3 a donné 12 pour produit, celui de 3 par 4 est également 12 ; donc, le résultat est le même, soit qu'on multiplie le multiplicande par le multiplicateur, ou, réciproquement, le multiplicateur par le multiplicande. C'est d'ailleurs ce qu'on démontre facilement.

En effet, en décomposant 4 en ses unités, et en écrivant trois fois comme ci-dessous ce nombre ainsi décomposé,

$$1 \quad 1 \quad 1 \quad 1$$
$$1 \quad 1 \quad 1 \quad 1$$
$$1 \quad 1 \quad 1 \quad 1$$

on obtiendra toujours le même résultat, soit qu'on additionne ces unités dans le sens vertical, soit qu'on les additionne dans le sens horizontal, ce qui revient, dans le 1er cas, à répéter 3 _quatre fois_, et dans le second à répéter 4 _trois fois._ Le raisonnement fait sur les nombres 3 et 4 peut s'appliquer à deux nombres quelconques.

QUESTIONS. 143. La multiplication ne pourrait-elle pas être remplacée par l'addition ? — 144. Pourquoi la multiplication a-t-elle été préférée ? — 145. Le résultat varie-t-il lorsque dans une multiplication, on intervertit l'ordre des facteurs ? — Démontrez ce principe.

146. *Donc, dans toute multiplication, on peut, sans altérer le produit, intervertir l'ordre des facteurs.*

147. De la définition de la multiplication, il suit :

1° *Que le produit sera toujours de même nature que le multiplicande, puisqu'il se compose de ce facteur pris un certain nombre de fois.*

2° *Que le produit est zéro quand l'un des facteurs est zéro ; car zéro, répété autant de fois que l'on voudra, ne donne que zéro, et si le multiplicateur est nul, il n'y a ni multiplication ni produit.*

3° *Que si l'un des facteurs est l'unité ou 1, le produit sera précisément égal à l'autre facteur.*

4° *Que si l'on rend l'un des facteurs 2, 3, 4, etc., fois plus grand ou plus petit, le produit devient lui-même 2, 3, 4, etc., fois plus grand ou plus petit ; car il vaut alors l'autre facteur pris 2, 3, 4, etc., fois plus ou moins qu'auparavant.*

148. Cela posé, examinons les règles qu'il faut suivre pour multiplier deux nombres entiers, soit que chaque facteur n'ait qu'un chiffre, soit que l'un des deux en renfermant plusieurs, l'autre n'en renferme qu'un seul ; soit enfin que tous deux en contiennent plusieurs.

Multiplication des nombres simples.

149. Le tableau suivant appelé Table de Pythagore, du nom de son inventeur, et dont il faut graver dans sa mémoire tous les divers produits, à cause de l'usage continuel qu'on en fait, sert à multiplier deux nombres simples l'un par l'autre.

Table de Pythagore.

Sens horizontal.

1	2	3	4	5	6	7	8	9
2	4	6	8	10	12	14	16	18
3	6	9	12	15	18	21	24	27
4	8	12	16	20	24	28	32	36
5	10	15	20	25	30	35	40	45
6	12	18	24	30	36	42	48	54
7	14	21	28	35	42	49	56	63
8	16	24	32	40	48	56	64	72
9	18	27	36	45	54	63	72	81

Sens vertical.

150. Cette table, formée ainsi qu'on le voit de 9 colonnes horizontales et de 9 colonnes verticales, s'obtient de la manière suivante.

Les neuf premiers nombres composent d'abord la première colonne horizontale.

En ajoutant chacun de ces nombres à lui-même, et en écrivant chaque résultat respectivement au-dessous, on forme la deuxième colonne horizontale.

QUESTIONS. 149. Qu'est-ce que la table de Pythagore ? — Quel est son usage ? — 150. Comment la forme-t-on ?

Chaque nombre de cette dernière, ajouté à celui qui lui correspond dans la 1re, sert à composer la 3°.

Et successivement, en ajoutant chaque nombre de la dernière colonne obtenue au nombre qui lui correspond verticalement dans la première, on obtient les 9 colonnes horizontales et verticales.

151. Qu'il s'agisse maintenant de trouver, au moyen de cette table, le produit de deux quelconques des neuf premiers nombres, celui de 8 par 6, par exemple:

On cherchera dans la première colonne horizontale, que nous nommerons colonne des multiplicandes, le nombre 8; on cherchera également le nombre 6 dans la première colonne verticale, que nous appellerons colonne des multiplicateurs; puis, suivant dans le sens vertical, la colonne qui contient le nombre 8, et dans le sens horizontal, celle dans laquelle le nombre 6 est placé, le nombre 48 trouvé à la rencontre des deux colonnes sera le produit demandé. On aura donc $8 \times 6 = 48$.

152. En faisant l'opération inverse, c'est-à-dire, *en cherchant dans la colonne des multiplicandes le nombre 6, et le nombre 8 dans la colonne des multiplicateurs, puis en suivant,* ainsi qu'il a été dit, *les deux colonnes dans lesquelles sont compris ces deux nombres, on trouve encore 48 pour produit,* de sorte que, $8 \times 6 = 48 = 6 \times 8$. Ce qui indique de nouveau que, dans la multiplication, *on peut, sans altérer le produit, intervertir l'ordre des facteurs.*

QUESTIONS. 151. Comment emploie-t-on la table de Pythagore pour multiplier deux nombres simples ? — 152. La table de Pythagore ne peut-elle pas servir aussi à vérifier ce principe, que l'on peut intervertir l'ordre des facteurs ?

Multiplication des nombres entiers quelconques.

153. Lorsque le multiplicande est un nombre composé et le multiplicateur un nombre simple, il faut *placer le multiplicateur sous les unités du multiplicande; souligner le tout, pour en séparer le produit; multiplier successivement, en commençant par la droite, tous les chiffres du multiplicande par le multiplicateur; écrire chaque produit partiel au-dessous, lorsqu'il ne passe pas 9; retenir les dizaines, s'il en contient, pour les ajouter au produit suivant, et continuer ainsi jusqu'au dernier chiffre du multiplicande, sous lequel on écrit le produit tel qu'on le trouve.*

154. En opérant de cette manière, on obtient évidemment le produit des deux nombres proposés; car on répète toutes les parties du multiplicande et conséquemment le multiplicande entier, autant de fois que l'indique le multiplicateur.

155. Exemple *Multiplier le nombre 57324 par 4.*

Opération.

Multiplicande...	57324
Multiplicateur...	4
Produit...	229296

L'opération étant ainsi disposée, on procède en disant : 4 fois 4 font 16 ; en 16, il y a 6 unités que je pose, et 1

dizaine que je retiens pour l'ajouter au produit des dizaines. On continue : 4 fois 2 font 8, et 1 de retenue font
9, je pose 9. On dit ensuite : 4 fois 3 font 12 ; en 12
il y a 2 centaines que je pose au résultat, et 1 mille
que je retiens pour l'ajouter au produit des mille; 4 fois
7 font 28 et 1 de retenue font 29 ; en 29, il y a 0 mille
que je pose, et 2 dizaines de mille que je retiens pour les
ajouter au produit des dizaines de mille. Enfin, 4 fois 5
font 20, et 2 de retenue font 22, nombre que j'écris tout
entier, puisque 5 est le dernier chiffre du multiplicande.
Le produit cherché est 229296.

Ce produit 229296 est bien en effet le résultat de la
multiplication du nombre 57324 par 4 ; car, pour l'obtenir, on a répété 4 fois les 4 unités, 4 fois les 2 dizaines,
4 fois les 3 centaines, 4 fois les 7 mille, et enfin, 4 fois
les 5 dizaines de mille de ce nombre ou 4 fois chacune
de ses parties; chacune des parties de 57324 ayant été
répétée 4 fois, le nombre, lui-même, a donc été répété
aussi 4 fois ; donc 229296 est le produit cherché.

156. Enfin, pour multiplier deux nombres composés, il faut *placer le multiplicateur au-dessous
du multiplicande, en écrivant les unités de même
ordre les unes au-dessous des autres; souligner le
tout; multiplier le multiplicande entier successivement par chaque chiffre du multiplicateur, considéré comme représentant des unités simples; placer
le premier chiffre de chaque produit partiel dans
le rang de celui par lequel on multiplie, et faire
la somme des produits partiels, qui sera le produit
des deux nombres proposés.*

157. En suivant cette règle, il est évident qu'on multiplie le multiplicande entier, successivement par chacune des parties, *unités, dizaines, centaines,* etc., du multiplicateur, et par conséquent par le multiplicateur entier. Donc la règle énoncée est exacte.

158. Exemple. *Multiplier le nombre 357986 par le nombre 867.*

Opération.

Multiplicande....	357986
Multiplicateur...	867
1er *produit partiel...*	2505902
2e *produit partiel...*	2147916
3e *produit partiel...*	2863888
PRODUIT TOTAL...	310373862

L'opération étant ainsi disposée, on procède au calcul en multipliant chaque chiffre du multiplicande par le chiffre des unités du multiplicateur, et on dit : 7 fois 6 font 42, je pose 2 et retiens 4 ; 7 fois 8 font 56 et 4 de retenue 60, je pose 0 et retiens 6 ; 7 fois 9 font 63 et 6 de retenue 69, je pose 9 et retiens 6 ; 7 fois 7 font 49 et 6 de retenue 55, je pose 5 et retiens 5 ; 7 fois 5 font 35 et 5 de retenue 40, je pose 0 et retiens 4 ; 7 fois 3 font 21 et 4 de retenue 25, que je pose, puisque les chiffres du multiplicande se trouvent épuisés. Ce premier résultat s'appelle 1er *produit partiel.* Passant au chiffre 6 des dizaines du multiplicateur, on multiplie par 6 chacun des chiffres du multiplicande, en opérant ainsi qu'on l'a fait sur le chiffre 7 des unités, ce qui donne le 2e *produit*

QUESTION. 156. Donnez la règle générale de la multiplication d'un nombre composé par un nombre composé.

partiel; toutefois, on a soin d'écrire le premier chiffre de ce nouveau produit au rang des dizaines, afin d'exprimer par là qu'il ne renferme pas d'unités inférieures à cette espèce. Le 2ᵉ *produit partiel* obtenu, on cherche le 3ᵉ en multipliant, comme on a fait pour celui des dizaines et celui des unités, tous les chiffres du multiplicande par le chiffre des centaines du multiplicateur, et on a soin de placer les premières unités à droite du résultat au rang des centaines, afin d'exprimer qu'il ne renferme pas d'unités inférieures aux centaines. Les trois produits partiels ainsi obtenus expriment, par la manière dont ils sont placés, que chaque partie du multiplicande a été répétée d'abord **7** fois, ensuite **60**, et enfin **800** fois, et par conséquent, que le multiplicande entier a été répété **867** fois. Leur somme faite donne pour *produit total* le nombre **310 373 862**, que l'on écrit au-dessous des produits partiels, dont on le sépare par un trait.

159. Preuve. La preuve de la multiplication s'effectue directement, en faisant l'opération dans un ordre inverse, c'est-à-dire, en prenant le multiplicande pour multiplicateur, et réciproquement. Cette nouvelle opération donnant lieu à des produits partiels différents de ceux qu'on a obtenus dans la première, si l'addition de ces nouveaux résultats conduit au même produit total que celui qu'on a précédemment trouvé, on peut en conclure que l'opération avait été primitivement bien faite.

160. *Faire la preuve de la multiplication de* **357986** *par* **867.**

Opération.

Multiplicande...   867
Multiplicateur... 357986

Produits partiels...
$$\left\{ \begin{array}{r} 5202 \\ 6936 \\ 7803 \\ 6069 \\ 4335 \\ 2601 \end{array} \right.$$

Produit total..   310373862

Ce produit total étant identiquement le même que le précédent, on en conclut que le nombre **310 373 862** est bien le produit des deux nombres proposés.

Cas particuliers.

161. Il peut se présenter dans la multiplication des nombres entiers divers cas particuliers que nous allons examiner successivement.

162. Premier Cas. Il peut arriver : 1° que le multiplicande soit terminé par un ou plusieurs zéros, le multiplicateur n'étant composé que de chiffres significatifs; 2° que le multiplicateur seul soit terminé par des zéros, le multiplicande étant terminé par un chiffre significatif; 3° enfin, que le multiplicande et le multiplicateur soient tous deux terminés par des zéros.

163. Règle. *On effectuera chacune des opérations dont il s'agit, sans faire attention aux zéros contenus*

QUESTIONS. 157. Comment se fait la preuve de la multiplication ? — 158. Appliquez cette règle à un exemple. — 159. La multiplication des nombres entiers n'offre-t-elle pas des cas particuliers ? — 161. Comment s'effectue la multiplication de deux nombres : 1° lorsque le multiplicande seul est terminé par des zéros ? 2° lorsque le multiplicateur seul est terminé par des zéros ? 3° lorsque tous deux sont terminés par des zéros.

dans l'un des deux, ou dans les deux facteurs à la fois. On aura soin toutefois d'écrire le premier chiffre à droite de chaque produit partiel au rang des unités qu'il représente. On fera l'addition des divers produits obtenus, et on ajoutera sur la droite du produit total autant de zéros qu'on en aura négligé avant de commencer l'opération.

164. Cette manière d'opérer s'explique ainsi qu'il suit :

En retranchant 1, 2 ou 3 zéros sur la droite du multiplicande ou du multiplicateur, on rend l'un ou l'autre de ces deux facteurs 10, 100 ou 1 000 fois plus petit (36). On est donc conduit par là, soit à multiplier un nombre 10, 100 ou 1 000 fois trop petit, soit à multiplier par un nombre également 10, 100 ou 1 000 fois trop petit ; le produit lui-même sera donc nécessairement dans l'un et l'autre cas 10, 100 ou 1 000 fois trop petit. On devra donc le rendre 10, 100 ou 1 000 fois plus grand, en ajoutant à sa droite 1, 2 ou 3 zéros (36).

Un raisonnement analogue expliquera l'addition au produit d'un nombre de zéros égal à celui des zéros négligés dans chacun des deux facteurs, lorsque tous les deux à la fois se trouvent terminés par des zéros.

165. Les exercices suivants donnent un exemple de chacune de ces opérations.

Opérations.

1er.	2e.	3e.
5437000	684593	479803000
325	23400	35700
27185	2738372	3359041
10874	2053779	2399315
16311	1369186	1439580
1767025000	16019476200	17131109100000

QUESTIONS. 165. Appliquez ces différentes règles à des exemples.—167. 168. Comment s'effectue la multiplication : 1º quand l'un ou l'autre des facteurs contient des zéros parmi ses chiffres significatifs ; — 169. 2º quand les deux facteurs à la fois contiennent des zéros ?

166. Deuxième Cas. Il peut arriver qu'il y ait un ou plusieurs zéros compris parmi les chiffres significatifs, soit du multiplicande, soit du multiplicateur, soit de ces deux facteurs à la fois.

167. 1° Si le multiplicande seul contient des zéros parmi ses chiffres significatifs, *on écrit à chaque produit partiel la retenue provenant de la multiplication du chiffre précédent, s'il y a lieu; dans le cas contraire, on écrit zéro, pour conserver au chiffre suivant le rang qu'il doit occuper.*

168. 2° Si le multiplicateur seul contient des zéros, *on effectue la multiplication sans y avoir égard, en ayant soin de placer le premier chiffre de chaque produit partiel au rang du chiffre multiplicateur qui l'a produit.*

169. Enfin, si le multiplicateur et le multiplicande contiennent tous deux des zéros, *on agit à la fois, dans le cours de l'opération, ainsi qu'il est dit dans les deux cas précédents.*

170. *Les exercices suivants serviront d'exemple pour chacune de ces opérations.*

1er.	2e.	3e.
357004	367428	3070025
3574	32406	40302
1428016	2204568	6140050
2499028	1469712	9210075
1785020	734856	12280100
1071012	1102284	
1275932296	11906871768	123728147550

QUESTIONS. 172. Comment se nomme le produit d'un nombre multiplié par lui-même ? — Qu'est-ce que la racine carrée d'un nombre ?

171. Troisième Cas. Enfin, on peut avoir à effectuer le produit de deux nombres égaux, c'est-à-dire, à multiplier un nombre par lui-même.

172. Le produit de la multiplication est alors le CARRÉ du nombre multiplié, qui lui-même est appelé la RACINE CARRÉE du produit.

173. Chercher le *carré* d'un nombre, c'est donc multiplier ce nombre par lui-même, et extraire la *racine carrée* d'un produit, c'est chercher un nombre qui, multiplié par lui-même, donne ce produit pour résultat.

174. La formation du carré des nombres n'est donc qu'un cas particulier de la multiplication.

175. La table de *Pythagore* nous donne les carrés des neuf premiers nombres et leurs racines,

On a en effet :

Racines.	1.	2.	3	4.	5.	6.	7.	8.	9.
Carrés.	1.	4.	9.	16.	25.	36.	49.	64.	81.

176. Remarques. 1° Chaque produit partiel étant indépendant des autres, il est indifférent de commencer la multiplication par tel chiffre du multiplicateur qu'on voudra, en ayant soin toutefois de donner au premier chiffre à gauche de chaque résultat partiel, le rang des unités qu'il représente.

177. 2° La multiplication n'étant qu'une addition abrégée, les mêmes considérations qui ont déterminé à commencer cette opération par la droite ont aussi conduit à effectuer chaque produit partiel, en commençant la multiplication par les unités les moins élevées du multiplicande. On conclut de là qu'il serait possible d'effectuer la multiplication par la gauche du multiplicande; mais que cette manière d'opérer occasionnerait des longueurs de calcul interminables, dans le cas surtout où les facteurs seraient composés de beaucoup de chiffres.

178. 3° Toutes les fois que le multiplicande sera plus grand que le multiplicateur, on pourra, afin d'abréger, prendre le multiplicande pour multiplicateur et réciproquement (145).

179. Bien que la valeur numérique du produit ne soit pas changée en intervertissant l'ordre des facteurs, sa nature, qui doit être celle du multiplicande, le serait, si l'on n'avait pas soin d'indiquer, à droite du produit qu'il représente, des unités de même nature que le facteur qui a servi de multiplicateur.

180. Dans cette question : *1 mètre de drap a coûté 36 francs, combien coûteront 134 mètres?* le produit devant représenter des francs, 36 sera le multiplicande et 134 le multiplicateur.

En effectuant la multiplication comme ci-dessous,

$$
\begin{array}{ll}
\textit{Multiplicande}\ldots & 134\ m \\
\textit{Multiplicateur}\ldots & 36\ \textit{fr.}
\end{array}
$$

$$
\textit{Produits partiels}\ldots \left\{ \begin{array}{l} 804 \\ 402 \end{array} \right.
$$

$$
\text{PRODUIT TOTAL} \ldots\ 4824\ \text{fr.}
$$

on a dû exprimer que le produit 4824 représente des francs et non pas des mètres

181. 4° Si l'on a à effectuer un produit de plus de deux facteurs, on multipliera d'abord deux de ces facteurs entre eux, puis le produit résultant par un autre facteur, et ainsi de suite, jusqu'à ce qu'on les ait épuisés tous.

Le produit de deux ou plusieurs facteurs se nomme *multiple* de chacun de ces facteurs, et les divers facteurs composant ce produit en sont les *sous-multiples*.

Ainsi, dans le produit $3 \times 4 \times 5 \times 6 = 360$, 360 est le multiple de chacun des nombres 3, 4, 5, 6, parce qu'il les contient, le 1er 120 fois ; le 2e 90 fois ; le 3e 72 fois ; le 4e 60 fois ; et chacun d'eux est un sous-multiple de 360, parce qu'il y est contenu exactement.

182. Dans le cas particulier où tous les facteurs sont égaux, leur produit devient alors le CUBE, la 4e, la 5e, la 6e, etc., puissance du nombre multiplié, suivant qu'il est 3, 4, 5, 6, etc., fois facteur ; et ce nombre devient alors la racine *cubique*, 4e, 5e, 6e, etc., du produit correspondant.

Multiplication des nombres décimaux ou métriques.

183. Pour multiplier entre eux deux nombres décimaux, *on effectue l'opération en faisant abstraction de la virgule*, ainsi qu'il a été dit pour les nombres entiers ; *on sépare ensuite sur la droite du produit total autant de chiffres qu'il y a de décimales dans les deux facteurs.* Il peut arriver que l'un des facteurs soit un nombre entier ; alors, *on sépare sur la droite du produit autant de décimales qu'il y en a dans l'autre facteur.*

184. Cette manière d'opérer s'explique ainsi qu'il suit :

En multipliant, sans faire attention à la virgule, on rend chaque facteur autant de fois dix fois plus grand qu'il renferme de chiffres décimaux (36). Le produit ainsi obtenu a donc subi la même augmentation ; mais, en séparant sur la droite de celui-ci un nombre de décimales égal à celui qui se trouve dans les deux facteurs il devient autant de fois plus petit qu'il avait été rendu de fois plus grand (37). Ce produit, ayant été rendu successivement le même nombre de fois trop petit et trop grand, est donc le produit réel des nombres proposés.

185. Les exemples suivants serviront d'exercices, en indiquant les trois cas qui peuvent se présenter.

0,63425	678543	3,04357
304	0,72	0,2003
253700	1357086	913071
190275	4749801	608714
192,81200	488550,96	0,609627071

186. La multiplication des nombres décimaux n'offre qu'un seul cas particulier qui n'ait pas été traité dans celle des nombres entiers; c'est celui où le produit total contient moins de chiffres qu'il n'y a de décimales dans les deux facteurs. Alors, *on ajoute à la gauche de ce produit assez de zéros pour que le nombre placé à la droite de la virgule contienne le nombre de décimales voulu.*

$$0,0036$$
$$0,0004$$
$$\overline{0,00000144}$$

Dans cet exemple on a dû ajouter 5 zéros à la droite de 144, pour obtenir le véritable produit demandé.

PROBLÈMES SUR LA MULTIPLICATION.

221. Un homme a vécu 79 ans; combien a-t-il vécu de jours (l'année étant de 365 jours)?

222. Un courrier parcourt en un jour 135 kilomètres; combien en parcourra-t-il en 45 jours?

223. Combien coûteront 135ᴹ. 60ᶜᴹ. d'étoffe, le mètre coûtant 17 fr. 25 c.?

224. Un épicier a acheté 3 845 kilog. de sucre à 1 fr. 85 c. le kilog.; combien a-t-il dépensé?

225. Une plantation de mûriers a 345 rangées de 25 arbres chacune; combien contient-elle de mûriers?

226. On achète 25 pièces de vin de 225 litres chacune, à raison de 0 fr. 85 c. le litre; que doit-on débourser?

227. Une batterie d'artillerie, tirant 135 coups de canon à l'heure, a continué le feu pendant 18 heures consécutives; combien a-t-elle tiré de coups?

228. Un marchand de bois en a vendu 3 895 stères à 18 fr. 75 c. le stère; combien a-t-il dû toucher?

229. Un imprimeur a acheté 256 rames de papier, à

raison de 6 fr. 50 c. la rame (le poids d'une rame étant de 6 kilog. 35 décag.); combien l'imprimeur a-t-il déboursé d'argent ? quel était le poids total du papier ?

230. La rame de papier contient 20 mains, la main 25 feuilles ; combien y a-t-il de feuilles dans la rame ?

231. Une rame de papier à lettres contient 80 cahiers, chaque cahier est de 6 feuilles ; combien la rame de ce papier contient-elle de feuilles ?

232. Un imprimeur a reçu 75 rames de papier pour l'impression d'un ouvrage ; combien a-t-il reçu de feuilles ? la rame en contient 500.

233. Un ouvrage in-8° se compose de 24 feuilles; combien a-t-il de pages ? (la feuille in-8° en a 16).

234. Un volume renferme 648 pages de 37 lignes chacune; combien a-t-il de lignes ?

235. Une bibliothèque se compose de 15 chambres; chaque chambre a 28 rayons portant chacun 135 volumes ; quel est le nombre total de ces volumes ?

236. Le produit des trois nombres 167, 25 et 27 représente la population de la ville de Nantes ; quel est le chiffre de cette population ?

237. Un ouvrage est composé de 45 volumes ; chacun d'eux contient 32 feuilles, chaque feuille contient 16 pages, chaque page est de 48 lignes et chaque ligne de 52 lettres ; combien l'ouvrage renferme-t-il de feuilles, de pages, de lignes, de lettres ?

238. On a parcouru dans une année 15 fois la route de Paris à Marseille ; la distance entre ces deux villes est de 785 kilomètres ; combien en a-t-on parcouru ?

239. Combien coûteront 21 pièces de drap, de 42ᵐ. chacune, le prix du mètre étant 35 fr. 85 c. ?

240. 48 ouvriers travaillant 8 heures par jour ont

fait en 35 jours un certain ouvrage ; combien ont-ils employé d'heures, et combien un ouvrier en aurait-il employé pour faire seul cet ouvrage ?

241. Le produit des nombres 779, 25, 33 et 38 donne la population de la Prusse ; on demande le chiffre des habitants de ce royaume.

242. Un marchand de fer en a vendu 1 865 kilog. à raison de 1 fr. 25 c. le kilog. ; combien a-t-il reçu ?

243. Une commune est composée de 1 586 ménages, pour chacun desquels la contribution moyenne annuelle prélevée par l'État, à titre de contribution foncière personnelle et mobilière, s'élève à 12 fr. 65 c. ; combien cette commune rapporte-t-elle au fisc chaque année ?

244. Un atelier fabrique dans un jour 175 kilog. de boulets ; combien en fabriquera-t-il en 25 jours ?

245. 345 ouvriers gagnant chacun par jour 3 fr. 85 c., ont travaillé pendant 26 jours sans recevoir leur salaire ; que doit-on à chacun d'eux, à tous ensemble ?

246. Un marchand de vins a 8 caves, renfermant chacune 25 pièces de vin et 9 pièces de liqueurs de diverses espèces ; chaque pièce de vin est de 218 litres, et chacune de celles de liqueur est de 85 litres ; combien ce marchand a-t-il de litres de vin, de litres de liqueurs ; quelle somme recevrait-il sur chaque vente, s'il vendait séparément son vin et ses liqueurs, le litre de vin étant à 0 fr. 45 c., et le litre de liqueur à 1 fr. 35 c. ?

247. On a acheté 3 mètres 80 de velours à 12 fr. 75 c. le mètre ; combien doit-on payer ?

248. Quel sera le prix de 5 décilitres de vin à 1 fr. 50 c. le litre ?

249. A combien reviendront 45 hectares de terrain, l'are étant à 17 fr. 85 c. ?

250. Quel sera le prix de 15 litres de vin, l'hectolitre coûtant 75 francs ?

251. Le produit des nombres 7 et 221 exprime l'année dans laquelle Charles le Téméraire fut tué devant Nancy ; indiquer l'époque de sa mort.

252. Le produit des nombres 8, 9 et 16 exprime l'époque à laquelle le Poitou fut porté en dot à Henri d'Angleterre par Éléonore d'Aquitaine ; en quelle année la France perdit-elle cette province ?

253. Exprimez en kilogrammes le poids de 73 pièces de 5 francs.

254. Quel est le poids d'un sac de monnaie renfermant 175 pièces de 50 francs (la pièce de 50 fr. pèse 12^G,129) ?

255. Trouvez le cube du nombre 789.

256. Quel est la 5e puissance de 342 ?

257. Quel est le poids de 75 décimètres cubes d'un liquide, le litre pesant 985 grammes ?

258. On a reçu 49 kilog. 27 grammes de sucre à 1 fr. 45 c. le kilog. ; combien doit-on payer ?

259. Trouvez le produit de 45,007 par 379,0302.

PROBLÈMES

sur l'Addition, la Soustraction et la Multiplication combinées.

260. Un marchand de vin en a acheté 1500 litres à 0 fr. 30 c. le litre, et l'a revendu à 0, 45 c.; qu'a-t-il déboursé, qu'a-t-il reçu, quel a été son bénéfice ?

261. Un fabricant emploie 565 ouvriers qui reçoivent par jour 2 fr. 35 c. ; 345 reçoivent 2 fr. 75 c. ; 243 touchent 3 fr. 50 c. ; enfin 152 gagnent 4 fr. 75 c.; combien occupe-t-il d'ouvriers ? que lui coûtent-ils par jour ?

262. Un marchand de chevaux en a fourni pour une remonte 3 850 de cavalerie légère, au prix de 420 fr. l'un ; 4 380 d'artillerie à 500 fr., et enfin 2 375 de grosse cavalerie, au prix de 480 fr. Il a pour chaque tête un bénéfice de 30 fr. sur la 1re espèce ; de 20 fr. sur la 2e ; de 15 fr., sur la 3e ; combien a-t-il livré de chevaux ; combien a-t-il reçu d'argent en tout et pour chaque espèce ; quel a été son bénéfice total et sur chaque espèce ?

263. Un tapissier vend 6 chaises à 15 fr. l'une, 4 fauteuils à 60 fr., 7 glaces à 280 fr., 5 paires de rideaux à 35 fr. la paire ; quel est le montant de la facture ?

264. Un négociant a acheté 345 m. de drap à 25 fr. 35 c. ; 3,640 m. de toile à 6 fr. 25 c. ; 15 000 m. de calicot à 0 fr. 75 c. ; 685 m de mousseline à 1 fr. 85. Il a revendu le drap à 29 fr. le m., la toile à 7 fr., le calicot à 0 fr. 85 c., la mousseline à 2 fr. 15 c. ; combien a-t-il acheté de mètres d'étoffes, qu'a-t-il déboursé pour chaque espèce, quel a été son bénéfice total ?

265. Une ménagère sort pour faire son marché : elle possède 3 pièces de 5 fr., 4 pièces de 1 fr. 50 c., 5 pièces de 0 fr. 50 c., et 7 pièces de 0 fr. 10 c. ; après avoir terminé ses achats, il ne lui reste plus que 3 pièces de 2 fr. et 5 de 0 fr. 25 c. ; qu'a-t-elle dépensé ?

266. Un banquier doit toucher dans une journée 7 billets de 350 fr., 6 de 785 fr., 3 de 2 500 fr. ; il possède en numéraire 37 807 fr. ; deux billets, l'un de 785 fr., l'autre de 2,500 fr. n'ont pas été payés. Il a remboursé 15 865 fr. 75 c. ; quel est l'état de sa caisse après la fermeture ?

267. Un épicier possède 375 kilog. de sucre à 1 fr. 75 c., 425 kilog. 8 hectog. à 1 fr. 55 c., et 676 kilog. 35 décagr. à 1 fr. 35 c. ; combien a-t-il de kilog. de sucre, pour combien en possède-t-il en tout et de chaque es-

6

pèce ? Quel est l'excès de la somme la plus forte sur chacune des deux autres ?

268. Une maison a 98 fenêtres et 18 portes vitrées; 42 fenêtres ont 6 carreaux à 1 fr. 75 c. pièce ; 25 autres en ont 8 à 0 fr. 75 c. ; toutes les autres sont de 16 carreaux à 0 fr. 25 c. Chaque porte vitrée en compte 6 à 0 fr. 35 c. ; combien y a-t-il de carreaux en tout et de chaque espèce ? que doit-on payer au vitrier chargé de les mettre en place ?

269. Un ouvrage doit avoir 8 volumes, format in-8°, de 16 feuilles chacun ; chaque page, pour l'imprimer, coûte de composition et de correction 0 fr. 35 c.: le tirage revient à 0,002ᵐ ; la brochure à 0 fr. 01 c. par feuille; à combien reviennent 1580 exemplaires de cet ouvrage tout brochés ; que coûtent séparément 1° la composition, 2° le tirage, 3° la brochure ?

270. Un ouvrage in-8° de 45 volumes est divisé en deux parties ; la 1ʳᵉ se compose de 20 volumes renfermant chacun 860 pages. La 2ᵉ est formée du reste des volumes qui contiennent chacun 768 pages. Chaque page a 2 colonnes dont l'une renferme 55 lignes ayant chacune 48 lettres; on demande le nombre de feuilles, de pages, de lignes et de lettres que contient l'ouvrage.

271. Un éditeur achète un ouvrage de 7 feuilles d'impression pour lequel il paye à l'auteur 0 fr. 08 c. par exemplaires. Chaque édition est tirée à 5000 exemplaires; on fait régulièrement 8 tirages par an ; à combien s'élèvent les droits annuellement perçus par l'auteur, et combien l'imprimeur reçoit-il de feuilles de papier chaque année pour imprimer cet ouvrage ?

272. Un horloger a acheté 137 montres en or à 235 fr. pièce, et 345 en argent à 28 fr. 75 c. ; on demande combien il a acheté de montres, combien il a déboursé pour celles en or, pour celles en argent, pour toutes ensemble; quel est l'excès du nombre des montres en argent sur celui des montres en or, et la différence du prix d'achat de toutes celles-ci sur celui des autres.

273. Une église a 38 ouvertures dont chacune doit être fermée avec des verres de différentes couleurs et de différents prix. Les verres rouges, au nombre de 65 par ouverture, coûtent 0 fr. 45 c. pièce; les bleus, au nombre de 47, se paient 0 fr. 35 c.; enfin les blancs, au nombre de 90, se paient 0 fr. 25 c.; on demande ce que coûteront les verres rouges, les bleus, les blancs; combien il y en aura en tout.

274. Un particulier achète une propriété dont le prix est représenté par le produit effectué des 4 nombres 7, 6, 82, 78 ; il réalise, en la revendant, un bénéfice exprimé par le produit $18 \times 25 \times 37$; combien a coûté cette propriété, combien a-t-elle été revendue ?

275. Un joueur entre au jeu avec 3 pièces de 20 fr., 7 de 5 fr., 5 de 2 fr., et 15 de 0,50 c. ; il se retire avec 4 pièces de 20 fr., 6 de 5 fr., 9 de 2 fr. et 7 de 0,25 c. ; que possédait-il avant de jouer, quel a été son gain ?

276. Faire connaître la durée du royaume de France, depuis la fondation de la troisième race par Hugues-Capet jusqu'à nos jours, sachant que le nombre d'années écoulées depuis, y compris les 22 ans que durèrent la république et l'empire, est égal au produit des deux nombres 16 et 49, augmenté du règne de Louis XV, qui dura de 1715 à 1774, et de celui de Louis-Philippe, dont l'avénement au trône eut lieu en 1830 ; à quelle époque Hugues-Capet s'empara-t-il de la couronne; quelle fut la durée du règne de Louis XV (1851)?

DIVISION.

187. Définition. La DIVISION est une opération par laquelle *on cherche combien de fois un
nombre donné, appelé* DIVIDENDE, *en contient un
autre aussi donné, appelé* DIVISEUR.

188. Le résultat de l'opération se nomme QUO-
TIENT.

189. L'espèce des unités du quotient est indépendante à la fois de celle des unités du dividende et du diviseur ; elle dépend uniquement
de la question qui a donné lieu à la division.

Division des nombres entiers.

190. La question suivante : *4 mètres d'étoffe ont coûté
8 fr., combien coûtera 1 mètre de la même étoffe ?* se ré-
soudra par la division.

En effet, 4 mètres coûtant 8 francs, 1 mètre coûtera
évidemment quatre fois moins; on est donc conduit à
chercher la quatrième partie de 8, ou à diviser 8 par 4.

Or, d'après la définition même de la division, il est
évident que si l'on soustrait 4 de 8 autant de fois que cela
sera possible, le nombre des soustractions effectuées indi-
quera combien de fois 4 est contenu dans 8, et sera par
conséquent le quotient cherché.

On aura donc $8 - 4 = 4$. $4 - 4 = 0$. Le nombre 2 est donc
le quotient de la division de 8 par 4.

191. On conçoit d'après cela, que toute division
pourrait se ramener à une série de *soustractions
successives* dont le nombre exprimerait le *quotient,*
et dans lesquelles le nombre à soustraire resterait
constant, le nombre dont on soustrait ou *dividende*

QUESTIONS. 187. Qu'est-ce que la division ? — Qu'entend-on
par dividende, diviseur ? — 188. Comment se nomme le résultat
de la division ? — 191. La division ne pourrait-elle pas se ramener à une série de soustractions ? — Comment cela ?

variant lui-même à chaque soustraction d'une quantité constante égale au *diviseur*. Mais cette série de soustractions pouvant devenir extrêmement longue et ennuyeuse, surtout dans le cas où le dividende étant très-grand, le diviseur lui serait de beaucoup inférieur, on a, pour obvier à cet inconvénient, inventé la division; elle peut donc être regardée, d'après cela, comme l'abrégé d'une série de soustractions.

192. Toutes les fois que le diviseur étant un nombre simple, le dividende sera tel que le quotient lui-même ne devra avoir qu'un seul chiffre, la table de multiplication pourra servir à déterminer ce quotient.

193. *Soit par exemple le nombre 45 à diviser par 9.*

On cherchera dans la table de Pythagore le chiffre 9 de la *colonne des multiplicandes* (149), on suivra la colonne verticale dans laquelle il se trouve, jusqu'à ce qu'on y rencontre le nombre 45, et le chiffre 5 de la *colonne des multiplicateurs* qui y correspond sera le quotient cherché. On a en effet $5 \times 9 = 45$.

Si au lieu de 9 on a 7 pour diviseur :

En suivant la colonne verticale qui contient le chiffre 7 de la *colonne des multiplicandes*, on trouve les nombres 42 et 49 entre lesquels est compris le nombre 45 ; on conclut de là que 7 n'est pas contenu exactement dans 45 ; on prend alors pour quotient le nombre 6 de la *colonne des multiplicateurs* correspondant à 42, moindre que 45, et qui s'en rapproche le plus, et le nombre 3 exprimant l'*excès* de 45 sur le nombre 42 est le *reste* de la division, c'est-à-dire, ce qu'il faut ajouter au produit du *diviseur* par le *quotient* pour avoir le *dividende*.

QUESTIONS. 192. Dans quel cas la table de Pythagore pourra-t-elle servir à trouver le quotient de la division de deux nombres ? — 193. Qu'entend-on par reste d'une division ?

194. La manière d'opérer la division entre deux nombres simples se trouvant ainsi suffisamment expliquée, nous allons indiquer successivement la marche à suivre pour effectuer cette opération, 1° quand le dividende étant composé, le diviseur est simple; 2° quand le dividende et le diviseur sont tous deux composés.

NOTA. Avant de passer aux opérations suivantes, les élèves devront avoir été longtemps exercés à trouver les quotients de divisions semblables à celles du n° 193.

Division d'un nombre composé par un nombre simple.

195. Règle. Pour diviser un nombre composé de plusieurs chiffres par un nombre simple ou d'un seul chiffre, *on écrit d'abord le dividende à la gauche du diviseur, dont on le sépare par une accolade ; on tire sous le diviseur un trait horizontal sous lequel on doit placer le quotient.* L'opération ainsi disposée, *on cherche combien de fois le diviseur est contenu dans le premier, ou, s'il y a lieu, dans les deux premiers chiffres du dividende (ces deux premiers chiffres qui produisent le premier chiffre du quotient forment le 1er dividende partiel). On écrit au quotient le chiffre obtenu, on multiplie par ce chiffre le diviseur, et l'on écrit le résultat de cette opération sous le premier dividende partiel pour l'en retrancher;* la soustraction effectuée, *on abaisse à la suite du reste le chiffre à gauche suivant du dividende total (on forme ainsi le 2e dividende partiel). On opère sur ce*

2° dividende partiel et sur le nouveau chiffre du quotient, qu'on écrit à droite du premier, de la même manière qu'il a été dit ci-dessus. Le deuxième reste obtenu, on abaisse le chiffre suivant à sa droite, pour former le 3° dividende partiel, et on continue à opérer ainsi jusqu'à ce qu'on ait épuisé tous les chiffres du dividende proposé.

196. Il est évident qu'en opérant ainsi, chaque chiffre du *quotient* indique le nombre de fois que le diviseur est contenu dans chaque *dividende partiel*, et par conséquent le *quotient entier* indique le nombre de fois que le *diviseur* est contenu dans tout le dividende.

197. **Exemple.** *On propose de diviser le nombre* 357864 *par* 8.

Opération.

```
Dividende..  35.7864  ( 8        diviseur.
             32       (
            ________     44733 QUOTIENT.
2° dividende partiel.  37
                       32
                      ____
3° dividende partiel.  58
                       56
                      ____
4° dividende partiel.  26
                       24
                      ____
5° dividende partiel.  24
                       24
                      ____
             Reste...   0
```

L'opération ainsi disposée, on dit : le chiffre 3 étant plus petit que le diviseur, je sépare par un point sur la gauche du dividende le nombre 35 pour en former le premier dividende partiel, et je dis : en 35 combien de fois 8? rép. 4 fois. J'écris ce chiffre au-dessous du diviseur, je fais la multiplication de 8 par 4, j'écris sous le dividende partiel le produit 32, qui, soustrait de 35, donne pour *reste* 3 que je place au-dessous ; à la droite de ce reste, j'abaisse le chiffre 7 du dividende, ce qui donne le nombre 37 pour 2ᵉ *dividende partiel*. On continue : en 37 combien de fois 8 ? rép. 4 fois. Je place ce nouveau chiffre au quotient, à la droite du premier, et je multiplie le diviseur par 4 ; en soustrayant le produit 32 de 37, j'obtiens pour *reste* 5, à droite duquel j'abaisse le chiffre suivant 8 du dividende, ce qui donne 58 pour 3ᵉ *dividende partiel*. Dans 58, 8 est contenu 7 fois ; je pose 7 à droite des deux premiers chiffres du quotient ; le produit de 7 par 8 est 56, qui, retranché de 58, donne 2 pour *reste* ; le chiffre 6 du dividende abaissé à la droite de 2, forme avec lui le 4ᵉ *dividende partiel* 26. En 26, 8 est contenu 3 fois, je pose 3 au quotient, à la droite des 3 premiers chiffres ; 8×3 donne pour résultat 24, qui, retranché de 26, laisse 2 pour *reste* ; abaissant enfin le dernier chiffre 4 du dividende à la droite de ce reste, j'ai pour 5ᵉ *et dernier dividende partiel* 24. Dans 24, 8 est contenu 3 fois exactement. Le produit de 8 par 3 étant 24, retranché de 24, il donne pour *reste* zéro, d'où je conclus que le nombre proposé contient exactement le diviseur. Donc le nombre 8 est contenu 44733 fois exactement dans 357864.

198. Dans la pratique, et lorsque les élèves ont acquis l'habitude de cette opération, la division d'un nombre entier quelconque par un nombre simple s'effectue sans donner au calcul la disposition indiquée.

Ainsi, pour diviser 357864 par 8.

$$\begin{array}{r} 357864 \\ 8 \\ \hline 44733 \end{array}$$

QUESTION. 198. Est-il nécessaire, dans la division d'un nombre composé par un nombre simple, de disposer l'opération comme l'indique la règle ?

on disposera l'opération comme ci-contre, puis on procédera en disant : le 8ᵉ de 35 est 4 pour 32, il reste 3 ; le 8ᵉ de 37 est 4 pour 32, il reste 5 ; le 8ᵉ de 58 est 7 pour 56, il reste 2 ; le 8ᵉ de 26 est 3 pour 24, il reste 2 ; enfin, le 8ᵉ de 24 est 3 pour 24, et il reste 0 ; le 8ᵉ de 357864 est donc 44733.

Division d'un nombre composé par un nombre composé.

199. Règle. Pour effectuer la division de deux nombres composés, *on dispose l'opération ainsi qu'il a été dit dans le cas précédent ; on sépare ensuite par un point sur la gauche du dividende autant de chiffres qu'il en faut pour que le nombre ainsi séparé et formant le 1ᵉʳ dividende partiel contienne le diviseur. On cherche combien de fois le premier ou les deux premiers chiffres de ce dividende partiel contiennent le premier chiffre à gauche du diviseur ; le chiffre ainsi obtenu, provenant de la division d'une partie du dividende par une partie seulement du diviseur, peut n'être pas un chiffre du quotient réel de la division de ces deux nombres ; on devra donc le vérifier avant de l'écrire au quotient. Pour cela, on multipliera tout le diviseur par ce chiffre, afin de soustraire le produit du dividende partiel,* et il arrivera :

1° *Ou que ce produit sera plus grand que le nombre dont on devra le soustraire, alors la soustraction sera impossible ;* on en conclura que le chiffre est trop fort. *On devra alors en retrancher une ou plusieurs unités successivement, jusqu'à ce que le produit du diviseur par le nouveau chiffre résultant puisse être soustrait du dividende partiel;*

2° *Ou, le produit pouvant être soustrait du dividende partiel, la soustraction donnera un reste égal au diviseur ou plus grand que lui : on en conclura que le chiffre est trop faible; on l'augmentera alors d'une ou de plusieurs unités successivement, jusqu'à ce que le reste provenant de la soustraction d'un produit du diviseur par le nouveau chiffre soit plus petit que le diviseur.*

3° *Enfin, le produit pourra être tel, que retranché du dividende partiel, le reste de cette soustraction soit moindre que le diviseur. On en conclura alors que le chiffre obtenu est exact; on l'écrira au quotient; on abaissera à la suite du reste le premier chiffre à gauche suivant du dividende total, et l'on formera ainsi un 2° dividende partiel sur lequel on opérera comme sur le précédent. On continuera à opérer de la même manière, jusqu'à ce que tous les chiffres du dividende soient épuisés.*

200. Exemple. *Effectuer la division du nombre* **193452** *par le nombre* **343.**

Opération.

Dividende...	193452	⎰ 343 *diviseur.*
	1715	⎱ ———————
		564 QUOTIENT.
2° *dividende partiel.*	2195	
	2058	
3° *dividende partiel.*	1372	
	1372	
Reste...	0	

L'opération étant ainsi disposée, on dit : les trois premiers chiffres à gauche du dividende forment un nombre moindre que le diviseur, ce dernier ne peut évidemment y être contenu ; je suis donc obligé de prendre 4 chiffres à gauche du dividende, pour former le 1er *dividende partiel*, ce que j'indique par un point placé entre les chiffres 4 et 5 ; je dis ensuite : en 19, combien de fois 3 ? il peut y être contenu 6 fois ; mais le produit du diviseur par 6 étant 2058, nombre plus fort que le dividende partiel, 1934, j'en conclus que le chiffre 6 est trop fort, j'essaye le chiffre 5 ; le produit du diviseur par ce chiffre est 1715, qui, retranché de 1934, donne pour *reste* 219 plus petit que le diviseur. J'en conclus que 5 est le chiffre cherché du quotient où je l'écris. J'abaisse à la droite du *reste* 219 le chiffre 5 du dividende total, ce qui donne 2195 pour 2e *dividende partiel* : en 21, combien de fois 3 ? il peut y être 7 fois, le produit de 343 par 7 étant 2401, nombre plus grand que 2195, 7 est trop fort ; en essayant le nombre 6 inférieur à 7 d'une unité, j'ai pour produit de 343 par 6, 2058, plus petit que le 2e dividende partiel ; j'effectue la soustraction, et le *reste* 137 étant moindre que le diviseur, j'en conclus que 6 est le 2e chiffre du quotient où je l'écris à la droite de 5 déjà obtenu. J'abaisse à la droite du *reste* le chiffre 2 du dividende total, et j'ai 1372 pour 3e *dividende partiel* ; j'opère sur ce nouveau dividende en disant : en 13, combien de fois 3 ? il peut y être 4 fois ; mais comme je n'ai essayé jusqu'ici que des nombres trop forts, j'essaye 3 ; le produit de 343 par 3 est 1029, qui, retranché du dividende partiel 1372, donne pour reste le nombre 343 ou le diviseur. Le chiffre 3 est donc trop faible ; en y substituant le chiffre 4, j'ai pour produit du diviseur par ce nombre, 1372, égal au dividende partiel ; le *reste* de la soustraction de ces deux nombres étant 0, j'en conclus que 4 est le 3e chiffre du quotient. Donc le nombre 564 est le quotient de 193452 divisé par 343, ou, en d'autres termes, le dividende 193452 contient 564 fois exactement le diviseur 343.

201. Lorsque, le dividende et le diviseur étant très-grands, le quotient lui-même doit avoir beaucoup de chiffres, il est un moyen très-simple d'obtenir promptement et sans tâtonnement le véritable chiffre du quotient. Ce moyen consiste à *effectuer les produits du diviseur par chacun des neuf chiffres significatifs et à prendre pour chiffre du quotient correspondant à chaque dividende partiel le chiffre qui aura formé celui de ces neuf produits immédiatement inférieur à ce dividende.*

202. Les élèves pourront appliquer ce moyen d'opérer aux exemples suivants :

	1er.			2e.	
12608.33288	{	1352	25013.63304	{	4356
12168	{	932569	21780	{	574234
4403			32336		
4056			30492		
3473			18443		
2704			17424		
7692			10193		
6760			8712		
9328			14810		
8112			13068		
12168			17424		
12168			17424		
0			0		

203. Preuve. De la définition même de la

division on tire le moyen d'en vérifier le résultat.

Pour cela, *il faut, lorsque la division a été faite sans reste, multiplier le diviseur par le quotient ; si l'opération a été bien faite, le produit de cette multiplication représentera le dividende* (187).

204. Exemple. *Diviser 4824 par 134 et faire la preuve de l'opération.*

	Division.		Preuve.
Dividende...	4824 $\Big\{$	134 *diviseur.*	134
	402	36 QUOTIENT.	36
2ᵉ *divid. part...*	804		804
	804		402
Reste...	0	PRODUIT...	4824

205. On peut en conclure : que réciproquement pour vérifier un produit, il suffira de le diviser par l'un de ses facteurs ; le quotient devra être l'autre facteur.

206. Première Remarque. Il arrive très-souvent que le diviseur n'est pas contenu exactement dans le dividende. Alors la division donne *un reste plus petit que le diviseur, et qu'on doit ajouter, lorsqu'on fait la preuve de l'opération, au produit total du diviseur par le quotient, pour obtenir le dividende.*

207. Exemple. *Effectuer la division du nombre 171313294 par 479863 et en faire la preuve.*

Opérations.

<table>
<tr><td colspan="2" align="center">Division.</td><td align="center">Preuve.</td></tr>
<tr><td>.713132.94</td><td>479863</td><td>Diviseur...... 479863</td></tr>
<tr><td>1439589</td><td>$357 + \frac{2203}{479863}$</td><td>Quotient entier.   357</td></tr>
<tr><td>2735339</td><td></td><td>3359041</td></tr>
<tr><td>2399315</td><td></td><td>2399315</td></tr>
<tr><td>3361244</td><td></td><td>1439589</td></tr>
<tr><td>3359041</td><td></td><td>Produit total... 171311091</td></tr>
<tr><td>2203</td><td></td><td>Reste..........   2203</td></tr>
<tr><td></td><td></td><td>DIVIDENDE.... 171313294</td></tr>
</table>

208. Toutes les fois que, comme dans cet exemple, la division ne s'effectue pas exactement, on écrit le reste à la suite du quotient, et on place au-dessous le diviseur, dont on le sépare par un trait, ce qui indique (92) que la division de ces deux nombres est à effectuer. Le quotient de la division des nombres proposés se compose alors de deux parties 357 et $\frac{2203}{479863}$, dont l'une 357 est entière, et dont l'autre $\frac{2203}{479863}$ exprime une division qui ne peut s'effectuer.

209. **2° Remarque.** On obtient quelquefois, après avoir soustrait d'un dividende partiel le produit du diviseur par le chiffre correspondant du quotient, un reste assez petit pour que le dividende partiel obtenu, en abaissant à sa droite un ou plusieurs chiffres du dividende total, soit plus petit que le diviseur; on en conclut alors que les unités de l'ordre cherché manquent au quotient,

et on y place un zéro, à mesure qu'on abaisse un chiffre du dividende, jusqu'à ce qu'on puisse continuer l'opération.

210. **Exemple.** *Diviser le nombre 1095641 par 547;*

Opération.

Dividende............... 1095641 { 547 *diviseur.*
                   1094 { 2003 QUOTIENT.

2e, 3e et 4e divid. *partiels.*   1641
                        1641

Reste.......   0

211. **3e Remarque.** De la marche adoptée pour effectuer la division, il suit que le nombre des chiffres du quotient sera toujours égal au nombre des chiffres laissés à la droite du premier dividende partiel augmenté de 1 ; donc il est toujours facile de dire, à la vue du dividende et du diviseur, combien il y aura de chiffres au quotient.

212. **4e Remarque.** Si, dans une division, on rend le dividende 2, 3 ou 4 fois plus grand, sans rien changer au diviseur, celui-ci y sera nécessairement contenu 2, 3 ou 4 fois plus ; donc le quotient, qui exprime le nombre de fois que le dividende contient le diviseur, sera lui-même 2, 3, 4 fois plus grand. Si, au contraire, le dividende n'étant pas changé, le diviseur devient 2, 3, 4 fois plus grand, il sera évidemment contenu 2, 3, 4 fois moins dans le dividende ; donc, dans ce cas, le quotient lui-même sera 2, 3, 4 fois plus petit.

QUESTIONS. 211. Peut-on déterminer d'avance quel sera le nombre des chiffres d'un quotient ? — 212. Quels changements fait-on subir au quotient, 1o en rendant le dividende seul 2, 3 ou 4 fois plus grand ; 2o en rendant le diviseur seul 2, 3 ou 4 fois plus grand ?

Donc, le dividende devenant un certain nombre de fois plus grand, le quotient devient le même nombre de fois plus grand; le diviseur devenant un certain nombre de fois plus grand, le quotient devient le même nombre de fois plus petit; il en résulte que si le dividende et le diviseur deviennent ensemble le même nombre de fois plus grands ou plus petits, le quotient ne variera pas.

213. Donc, dans une division, *on peut multiplier le dividende et le diviseur par un même nombre, sans altérer le quotient.*

214. Donc, *pour multiplier le quotient d'une division par un certain nombre, il suffit de multiplier le dividende par ce nombre.*

215. On déduirait d'un raisonnement analogue, qu'on peut diviser le dividende et le diviseur par un même nombre, sans altérer le quotient.

216. Donc, *si le dividende et le diviseur sont terminés par des zéros, on peut abréger l'opération, en supprimant à la droite de chacun d'eux autant de zéros qu'il y en a dans celui qui en a le moins.*

217. **5ᵉ Remarque.** Lorsque, dans une division, le diviseur étant terminé par un chiffre significatif, le dividende est terminé par un ou plusieurs zéros, l'opération n'offre aucune particularité remarquable; il en est de même dans le cas où le diviseur étant terminé par des zéros, le dividende a pour dernier chiffre un chiffre significatif.

QUESTIONS. 213, 214, 215, 216. Indiquer les conséquences qui découlent des principes précédents. — 217. Comment s'effectue la division lorsque le dividende ou le diviseur sont terminés par un ou plusieurs zéros ?

218. Les trois opérations suivantes donnent des applications de ces différents cas.

Opérations.

```
      1°                 2°                  3°
152.6000  ( 3500   2355.00  ( 375    876.69  ( 620
140       ( ̄4̄3̄6̄   2250     ( ̄6̄2̄8̄   620     ( ̄1̄4̄1̄
 ̄1̄2̄6̄             1̄0̄5̄0̄             2̄5̄6̄6̄
105                750                2480
 ̄2̄1̄0̄             3̄0̄0̄0̄             8̄6̄9̄
210                3000               620
 ̄ ̄ ̄               ̄ ̄ ̄                ̄ ̄ ̄
Reste.  0       Reste.  0       Reste.  249
```

Division des nombres décimaux ou métriques.

219. La division des nombres décimaux offre, comme celle des nombres entiers, trois cas à examiner :

1° Celui où le dividende étant un nombre décimal, le diviseur est un nombre entier;

2° Celui où le dividende étant un nombre entier, le diviseur est un nombre décimal ;

3° Celui où le dividende et le diviseur sont tous deux des nombres décimaux.

220. Nous allons examiner successivement chacun de ces différents cas.

221. Premier Cas. Lorsque, le dividende étant un nombre décimal, le diviseur est un nombre entier, *on effectue l'opération sans faire attention à la virgule, et l'on sépare sur la droite du quotient autant de chiffres décimaux que le dividende proposé en contient.*

222. Exemple. *Diviser 86811,75 par 243.*

Opération.

Dividende...	868.1175	243	*diviseur.*
	729	357,25	QUOTIENT.
2ᵉ *dividende partiel.*	1391		
	1215		
3ᵉ *dividende partiel.*	1761		
	1701		
4ᵉ *dividende partiel.*	607		
	486		
5ᵉ *dividende partiel.*	1215		
	1215		
Reste.....	0		

Le quotient 357,25 est bien celui de 86811,75, par le nombre entier 243. En effet, en faisant abstraction de la virgule dans le dividende, on l'avait rendu 100 fois plus grand ; le diviseur n'ayant pas changé, le quotient primitivement obtenu était donc 100 fois trop grand (214) ; il fallait donc le rendre 100 fois plus petit ; c'est ce qu'on a fait en séparant par une virgule deux chiffres sur sa droite (38).

223. Deuxième Cas. Lorsque le dividende est un nombre entier et le diviseur un nombre décimal, *on écrit sur la droite du dividende autant de zéros qu'il y a de chiffres décimaux dans le diviseur ; on opère ensuite sur ces deux nombres comme s'ils étaient entiers.*

224. Exemple. *Effectuer la division du nombre entier 22646 par le nombre décimal 42,25.*

Opération.

```
Dividende...  22846.00  ┤ 4225 diviseur.
              21125     ┤ ─────────────
2ᵉ dividende partiel. ──────  536  QUOTIENT.
              15210
              12675
3ᵉ dividende partiel. ──────
              25350
              25350
              ─────────
                  0
```

Le quotient ainsi obtenu est bien celui de la division des deux nombres proposés ; car si, d'un côté, en supprimant la virgule au diviseur, on a rendu ce quotient 100 fois trop petit ; d'un autre côté, en ajoutant deux zéros à la droite du dividende, on l'a rendu 100 fois trop grand ; donc le quotient a été rendu à la fois 100 fois trop petit et 100 fois trop grand ; donc il n'a pas été altéré (215).

225. Troisième Cas. Lorsque le dividende et le diviseur sont tous deux des nombres décimaux, il arrive, ou que le premier contient plus de décimales que le diviseur ; ou que celui-ci en contient plus que le dividende ; ou enfin que tous deux en contiennent le même nombre.

226. Si le dividende contient plus de chiffres décimaux que le diviseur, *on effectue l'opération comme s'ils étaient des nombres entiers, et on sépare sur la droite du quotient autant de chiffres qu'il y a de décimales de plus dans le dividende que dans le diviseur.*

227. 2° Si le diviseur contient plus de chiffres

décimaux que le dividende, *on complète dans ce dernier nombre les décimales par des zéros, afin qu'il en renferme autant que le diviseur. On opère ensuite comme sur les nombres entiers.*

228. 3° Enfin, si le dividende et le diviseur contiennent le même nombre de chiffres décimaux, *ces deux nombres se trouvant dans les mêmes circonstances que dans le cas précédent, lorsqu'on a complété par des zéros les décimales du dividende, on opère alors de la même manière.*

229. Les opérations suivantes serviront à la fois d'exemples et d'exercices.

Exemple. *Diviser les nombres décimaux* 1955,405 *par* 47,35, 494,14 *par* 3,985, *et* 16681,14 *par* 29,42.

Opération.

	1°		2°		3°
19554.05	7435	4941 40	3985	16681.14	2942
14870	26,3	3985	124	14710	567
46840		9564		19711	
4610		7970		17652	
22305		15940		20594	
22305		15940		20594	
0		0		0	

230. Tout ce qui vient d'être dit sur les nombres décimaux s'applique aux fractions décimales et aux nombres du système métrique.

Approximation des quotients par les décimales.

231. Dans la division des nombres entiers, nous avons vu que souvent, en effectuant cette opération, on arrivait à un dernier reste plus petit que le diviseur, et que, dans ce cas, pour avoir le quotient total, on devait ajouter à sa partie entière, et sous la forme d'une division à effectuer, le quotient de ce dernier reste par le diviseur.

232. La division des nombres décimaux (221) nous donne un moyen d'évaluer cette partie du quotient en décimales, et de représenter ainsi le quotient total par un nombre décimal qui ne diffère pas de sa valeur réelle, d'une unité décimale d'un ordre déterminé. C'est en cela que consiste *l'approximation des quotients par les décimales.*

233. Ainsi, approcher d'un quotient à un *dixième*, à un *centième*, à un *millième* près, c'est exprimer par un nombre décimal la valeur exacte de ce quotient à moins d'un *dixième*, d'un *centième* ou d'un *millième*.

234. Pour y arriver, *il suffit d'ajouter sur la droite du reste de la division, autant de zéros qu'on veut avoir de chiffres décimaux au quotient: ce qui revient à le multiplier par* 10, 100 *ou* 1000, *suivant qu'on veut approcher à moins d'un dixième, d'un centième ou d'un millième; on continue ensuite la division comme à l'ordinaire, jusqu'à ce qu'on ait*

QUESTIONS. 233. Qu'est-ce qu'approcher d'un quotient à un dixième, à un centième près ? — 231. Dans quel cas est-on conduit à approcher d'un quotient ? — 234. Comment opère-t-on pour y arriver ?

épuisé tous les chiffres du nouveau dividende, en ayant soin toutefois de séparer par une virgule la nouvelle partie du quotient de celle qu'on a déjà obtenue; on indique ainsi que les nouveaux chiffres représentent des parties décimales de l'unité.

Il est clair qu'en opérant ainsi, la valeur du quotient n'est pas altérée ; car si, d'une part, on a rendu le dividende 10, 100 ou 1000 fois plus grand; de l'autre, on a rendu le quotient le même nombre de fois plus petit : il y a donc compensation.

235. Exemple. *Soit proposé de chercher le quotient de* **27540**, *par* **4572**, *à moins d'un centième.*

Opération.

Dividende .	27540	{	4572	*diviseur.*
	27432		6,02	QUOTIENT.
Reste........	10800		*à* 0,01 *près.*
Sur la droite duquel on	9144			
a ajouté deux zéros pour				
le multiplier par 100.	1656			

La division de 27 540 par 4 572 donnant pour reste 108, on a multiplié ce reste par 100, parce qu'on veut obtenir le quotient à un *centième* près, ce qui a donné le nouveau dividende 10800; opérant sur ce nouveau dividende ainsi qu'il a été dit ci-dessus, on a trouvé **6,02** pour expression du quotient de la division des deux nombres proposés, approché à moins de 0,01.

236. Le calcul décimal ayant été introduit dans le but de réduire autant que possible l'emploi des expressions fractionnaires, il sera convenable, toutes les fois que la division de deux nombres conduira à un reste plus petit que le diviseur, de

cherober la valeur approchée du quotient en décimales, et de pousser l'approximation assez loin
pour qu'il soit possible de négliger le dernier reste
de l'opération sans erreur sensible.

Usages de la division.

237. La division sert à résoudre les questions
générales suivantes :

1° *Diviser un nombre en autant de parties égales
qu'on voudra.*

2° *Le prix d'une quantité quelconque étant connu,
déterminer combien on aurait d'unités de cette
quantité pour une somme donnée.*

3° *Déterminer le prix de l'unité d'une quantité,
sachant qu'un nombre déterminé d'unités de cette
quantité a coûté une somme aussi déterminée.*

4° *Par quel nombre faut-il multiplier un nombre
donné pour en obtenir un autre aussi donné ?*

5° *Combien l'unité d'une certaine quantité de
marchandises, achetée pour une somme déterminée,
doit-elle être vendue, pour que le vendeur fasse sur
son achat un bénéfice déterminé ?*

QUESTION. 237. Quels sont les divers usages de la division ?

277. On a acheté de l'étoffe, à 9 fr. le mètre, pour 45 792 fr.; combien en a-t-on acheté de mètres?

278. Un courrier a parcouru en 7 jours 665 kilomètres; combien en parcourait-il par jour?

279. 8 fauteuils ont coûté 432 fr.; combien coûte l'un d'eux?

280. 6 glaces ont été payées 2 340 fr.; quel est le prix moyen de l'une d'elles?

281. 37 pièces de vin ont coûté 6 660 fr.; quel est le prix de l'une d'elles?

282. La rame de papier à lettres a 480 feuilles, il y en a 6 au cahier; combien la rame a-t-elle de cahiers?

283. Un foudre de vin en a perdu, dans 24 heures, 1 080 litres; combien en aurait-il perdu s'il n'avait coulé qu'une heure?

284. Une rame de papier de 500 feuilles contient 20 mains; combien y a-t-il de feuilles dans la main?

285. 276 rames de papier, pesant 786 kilog, 60 décag., coûtent 2 318 fr. 40 c.; dire le prix et le poids d'une rame.

286. Un particulier dépense dans une année 4 380 fr.; que dépense-t-il par jour, l'année étant de 365 jours?

287. Un ouvrier gagne 2 281 fr. 25 c. par an; il en met le cinquième de côté et dépense le reste pour son ménage; à combien s'élève sa dépense journalière?

288. 6 héritiers doivent se partager une succession qui s'élève à 895 434 fr; combien chacun recevra-t-il?

289. Un maître de forges a acheté 380 stères de bois, pour 7 562 fr.; à combien revient le stère?

290. Une plantation renferme en 85 rangées 3 825 pieds d'arbres; combien chaque rangée en contient-elle?

291. Combien doit-on vendre le litre de vin pour que 785 litres rapportent 824 fr. 25 c.?

292. Un épicier a vendu 1° 380 kilog. de sucre pour 836 fr. 2° 475 kilog. 50 décag. pour 903 fr. 45 c.; enfin, 625 kilog. 5 hectog. pour 1 000 fr. 80 c.; combien a-t-il vendu le kilog. de chaque espèce?

293. Une bibliothèque de 36780 volumes est estimée 12873 fr.; quelle est la valeur moyenne d'un volume?

294. 2360 soldats ont brûlé 11800 cartouches; combien chaque soldat en a-t-il brûlé?

295. Une compagnie de 75 ouvriers doit se partager une gratification de 1897 fr. 50 c.; combien chacun doit-il recevoir?

296. Un particulier a acheté 235 litres de vin pour 575 fr. 75 c.; à combien lui revient le litre de ce liquide?

297. Un volume in-18 a 648 pages; combien a-t-il de feuilles? (La feuille in-18 contient 36 pages.)

298. Un volume in-12 renferme 1572480 lettres, 30240 lignes, 672 pages; dire combien il a de feuilles (la feuille in-12 a 24 pages), le nombre des lettres contenues dans une ligne, le nombre de lettres et de lignes contenues dans une page, dans une feuille.

299. Une bibliothèque renferme 47625 volumes répartis sur 635 rayons; combien chacun en contient-il?

300. Il y a dans une année 525600 minutes, un jour en contient 1440, une heure 60; combien y a-t-il de jours et d'heures dans l'année, d'heures dans le jour?

301. Quatre héritiers doivent se partager une somme de 37750 fr.; le 1er a droit au cinquième de cette somme, le 2e au quart du reste, le 3e au tiers du reste; quelle sera la part de chacun?

302. Les monnaies d'or et d'argent contenant 9 parties de fin et 1 de cuivre; déterminer le poids du cuivre contenu dans 342 kilog. d'or et 6687 kilog. d'argent monnayés.

303. Diviser le nombre 34573 en deux parties dont l'une surpasse l'autre de 345.

304. La longueur d'une corde à nœuds est de de 38 mètres 15 centimèt.; la distance entre deux nœuds consécutifs est de 35 centimèt.; déterminer leur nombre.

305. Un bureau de bienfaisance partage entre ses pauvres 387 fr. 85 c.: chacun d'eux reçoit 0,25 c. et il reste 10 c.; dire le nombre des partageants.

306. La hauteur d'une tour est de $142^m,695$ millim., on monte pour arriver au sommet 453 marches égales en hauteur ; quelle est la hauteur d'une marche ?

307. Trouver à 0,0001 près le quotient de 74579 par 137.

308. Le quotient entier de 409 866 par 332, augmenté du dernier reste de cette division, exprime l'année de la naissance de *Jeanne d'Arc* ; l'année de la mort de cette héroïne, brûlée vive à Rouen par les Anglais, est représentée par le produit des nombres 27 et 53 ; indiquer les années de sa naissance, de sa mort, la durée de sa vie.

309. Deux négociants font un échange : le 1er donne au 2e 1 525 litres de vin à 0 fr. 85 c. ; celui-ci lui rend 547 litres de liqueurs. Le premier redoit au 2e 16 fr. 55 c.; à combien lui revient le litre de liqueur ?

310. Un décalitre de blé fournit 658 décag. de pain ; combien en faudra-t-il pour en produire 115 150 décag.?

311. Déterminer à 0,000001 près le quotient de 867.947 par 35 671.

312. Trouver à 0,01 près le quotient de 301 212 par 432.

313. Trouver le nombre qui, multiplié par 357, donne 1 622 565 pour produit.

314. Trouver à 0,001 près le quotient de 42 757 par 32,09.

315. Trouver à 0,00001 près le quotient de 97 432, 937 par 9,000749.

316. Trouver le nombre qui, multiplié par 345,75, donnerait pour produit 1 220 497,50.

317. Trouver à 0,001 près le quotient de 3579,05 par 25,37.

318. Un sac renfermant 4 850 pièces de 5 francs, pèse 12 125 décag.; quel est le poids d'une de ces pièces ?

319. Trouver le quotient de 0,09157 par 0,000356.

320. Trouver à 0,001 près le quotient de 0,003072. par 0,00357.

DEUXIÈME PARTIE.

CHAPITRE IV.

DIVISIBILITÉ DES NOMBRES.

238. Tout nombre qui en divise exactement un autre est un de ses *diviseurs*.

4 est diviseur de 12, parce qu'il y est contenu 3 fois exactement, c'est-à-dire sans reste.

239. Tous les nombres sont pairs ou impairs.

240. Les nombres pairs sont tous divisibles par 2 ; tous les autres sont impairs.

2, 4, 6, 8, 10, 12, etc., sont des nombres pairs,
1, 3, 5, 7, 9, 11, etc., sont des nombres impairs.

241. Tout nombre est divisible par lui-même ; car le produit d'un nombre par l'unité est ce nombre lui-même.

242. Tout nombre est aussi divisible par l'unité ; car le produit de l'unité par un nombre est encore ce nombre.

243. Donc tout nombre a deux diviseurs.

244. On appelle *nombre premier*, celui qui n'a d'autre diviseur que lui-même et l'unité.

1, 3, 5, 7, 11, 13, 17, sont des nombres premiers,

QUESTIONS. 238. Qu'est-ce qu'un diviseur d'un nombre ? — 240. Qu'entend-on par nombres pairs ou impairs ? — 243. Combien un nombre quelconque a-t-il de diviseurs ? — 244. Qu'est-ce qu'un nombre premier ?

245. Tous les nombres premiers sont impairs ; mais tous les nombres impairs ne sont pas premiers.

9, qui est un nombre impair, est divisible exactement par 3 ; 15, nombre aussi impair, est divisible par 5 et par 3.

246. Deux nombres sont premiers entre eux lorsqu'ils ne peuvent être divisés par un même nombre autre que l'unité.

247. Deux nombres peuvent être premiers entre eux sans que l'un d'eux soit un nombre premier.

25 et 27 sont deux nombres premiers entre eux, et ni l'un ni l'autre n'est un nombre premier, car 25 est divisible par 5, et 27 est divisible par 9.

248. Il existe certains caractères particuliers auxquels on reconnaît qu'un nombre est diviseur d'un autre nombre.

249. 1° Un nombre est divisible par 2, toutes les fois qu'il est pair ;

250. 2° Un nombre est divisible par 3, quand la somme de ses chiffres significatifs est elle-même divisible par 3.

Le nombre 453 est divisible par 3, car la somme de ses chiffres est 12, qui lui-même est divisible par 3, la somme de ses chiffres étant 3.

251. 3° Un nombre est divisible par 4, toutes les fois que le nombre formé par ses deux derniers chiffres est divisible par 4.

QUESTIONS. 245. Tous les nombres impairs sont-ils premiers ? — 246. Quand deux nombres sont-ils premiers entre eux ? — 249, 250, 251. A quels signes particuliers reconnaît-on qu'un nombre est divisible par 2, par 3, par 4 ?

Le nombre 35 724 est divisible par 4, parce que le nombre 24, formé par ses deux derniers chiffres, est divisible par 4.

252. 4° Un nombre est divisible par 5, lorsque son dernier chiffre à droite est un zéro ou un 5.

Les nombres 40 et 125 sont divisibles par 5.

253. 5° Un nombre est divisible par 6, lorsqu'il est pair, et que la somme de ses chiffres significatifs est divisible par 3.

Le nombre 534 est divisible par 6, parce qu'il est pair et que la somme 12 de ses chiffres significatifs est divisible par 3.

254. 6° Un nombre est divisible par 9, lorsque la somme des chiffres significatifs qui le composent est divisible par 9.

Le nombre 635 472 est divisible par 9, parce que la somme des chiffres qui le composent est 27, nombre dont la somme des chiffres est 9, et par cela même divisible par 9.

255. 7° Un nombre est divisible par 10 toutes les fois qu'il est terminé par un zéro.

3570 est divisible par 10, parce que son dernier chiffre est zéro.

256. 8° Un nombre est divisible par 11, toutes les fois que la soustraction des sommes faites séparément des chiffres de rang pair et de rang impair donne pour reste 0, ou un nombre divisible par 11.

897 815 est divisible par 11, parce que la somme de ses chiffres pairs étant 11, et celle de ses chiffres impairs

22, le reste de la soustraction de ces deux sommes est 11.

257. On en conclut : 1° que tout nombre formé d'un seul chiffre répété un nombre pair de fois est divisible par 11 ; 2° que tout nombre formé de plusieurs chiffres doublés, mis à la suite l'un de l'autre, est divisible par 11.

Donc le nombre 333 333, formé d'un nombre pair de chiffres égaux, à 3, est divisible par 11.

Donc 557 766, formé de plusieurs chiffres doublés et mis à la suite l'un de l'autre, est divisible aussi par 11.

258. **Remarque**. La démonstration des divers caractères de divisibilité indiqués ci-dessus, reposant sur des principes de divisibilité qui ne peuvent trouver place dans ce traité élémentaire, nous avons pensé devoir les donner ici, comme moyens pratiques seulement. C'est dans la théorie des fractions ordinaires, qui forme la matière du chapitre suivant, et surtout dans la résolution des diverses questions qui complètent et terminent ces éléments que se fera sentir la nécessité de les connaître.

CHAPITRE V.

259. On entend par *fraction* une quantité plus petite que l'unité, et qui en représente une ou plusieurs parties égales.

Si donc, on prend une unité quelconque, le *mètre*, par exemple, et qu'on suppose ce mètre divisé en 4, 7 ou 8 parties égales, l'une ou la réunion de plusieurs de ces parties formera ce qu'on appelle une *fraction*.

260. Pour exprimer une fraction, il faut nécessairement deux termes ; l'un, nommé *numérateur*, désigne le nombre des parties de l'unité que l'on considère ; et l'autre, appelé *dénominateur*, indique l'espèce de ces parties.

Dans la fraction $\frac{7}{12}$, le nombre 7 est le numérateur ; il indique que la fraction renferme 7 parties égales de l'unité. Le nombre 12 est le dénominateur, et marque que l'espèce de ces parties est le douzième de l'unité.

261. Pour énoncer une fraction écrite, on énonce chaque terme séparément comme un nombre entier, en commençant par le numérateur, et en ayant soin d'ajouter à la suite du nombre servant de dénominateur la terminaison *ième*.

Les fractions $\frac{7}{8}$, $\frac{5}{7}$, s'énoncent sept huitièmes, cinq septièmes. Les nombres 2, 3, 4, pris pour dénominateurs d'une fraction, font exception à cette règle générale, et s'énoncent *demi, tiers, quart*.

262. Pour écrire une fraction énoncée, on écrit d'abord le numérateur, sous lequel on place le dénominateur, dont on le sépare par un trait.

Ainsi, les fractions trois cinquièmes, onze vingt-quatrièmes, s'écrivent $\frac{3}{5}, \frac{11}{24}$.

263. On déduit de ce qui précède que la grandeur d'une fraction dépend de la comparaison du numérateur avec le dénominateur.

Donc, 1° plus le numérateur augmentera, le dénominateur restant le même, plus la fraction deviendra grande ; plus il diminuera, plus la fraction sera petite.

2° Plus le dénominateur augmentera, le numérateur ne variant pas, plus la fraction deviendra petite ; plus il diminuera, plus la fraction augmentera de valeur.

264. On ne peut pas conclure de là qu'en augmentant ou diminuant en même temps les deux termes d'une fraction de la même quantité, cette fraction ne changera pas de valeur.

265. Si le numérateur est égal au dénominateur, l'expression n'est autre que l'unité mise sous la forme d'une fraction.

266. Si le numérateur est plus grand que le dénominateur, l'expression n'est plus une *fraction proprement dite*, mais une *expression frac-*

tionnaire; on appelle ainsi toute expression renfermant des entiers sous la forme de fraction.

267. Un nombre entier quelconque peut être considéré comme une fraction dont le dénominateur serait l'unité ou 1.

268. Une fraction décimale peut également se mettre sous la forme d'une fraction ordinaire dont le numérateur serait la partie significative de l'expression décimale elle-même, et le dénominateur l'unité suivie de 1, 2, 3, etc., zéros, suivant que la fraction représente des dixièmes, des centièmes, des millièmes, etc.

Les fractions décimales 0,3 ; 0,05 ; 0,007, s'écriront ainsi : $\frac{3}{10}$, $\frac{5}{100}$, $\frac{7}{1000}$.

269. On retrouve dans la forme d'une fraction ordinaire celle sous laquelle on a représenté (208) le quotient du reste par le diviseur. Une fraction peut donc être considérée comme le quotient d'une division à effectuer, et dans laquelle le dividende (*le numérateur*) est plus petit que le diviseur (*le dénominateur*). Dans le cas d'une *expression fractionnaire* (266), la division du numérateur par le dénominateur rentre dans celle des nombres entiers, et on en tire naturellement le moyen *d'extraire les entiers d'une telle expression.*

QUESTIONS. 267. Comment peut-on considérer un nombre entier par rapport aux fractions ? — 268. Est-il possible de mettre une fraction décimale sous la forme d'une fraction ordinaire ; comment fait-on ? — 269. Sous quel point de vue peut-on considérer une fraction ? — Comment extrait-on les entiers d'une expression fractionnaire ?

270. De ce qui précède on déduit les principes suivants :

1° *On ne change pas la valeur d'une fraction en multipliant ses deux termes par un même nombre.*

2° *Si l'on multiplie le numérateur d'une fraction par un certain nombre, on rend la fraction ce même nombre de fois plus grande.*

3° *En multipliant le dénominateur seul d'une fraction par un certain nombre, on rend cette fraction ce même nombre de fois plus petite.*

270 bis. Les conclusions suivantes se déduisent également de ce qui a été dit (269) :

1° *On ne change pas la valeur d'une fraction en divisant ses deux termes par un même nombre.*

2° *Si l'on divise le numérateur seul d'une fraction par un certain nombre, on rend la fraction ce même nombre de fois plus petite.*

3° *Si l'on divise le dénominateur seul d'une fraction par un nombre, on rend la fraction ce même nombre de fois plus grande.*

Remarque. Il suit de là qu'il ne faut pas confondre la *valeur* d'une fraction *avec son expression;* puisque, sans changer sa valeur, on peut faire varier son expression indéfiniment, en multipliant ou en divisant ses deux termes par un même nombre, et en répétant l'opération autant de fois et avec tel nombre qu'on voudra.

QUESTIONS. 270. Que devient une fraction : 1° si on multiplie ses deux termes par un même nombre; 2° si on multiplie le numérateur seul; 3° si on multiplie le dénominateur seul ? — Que devient une fraction : 1° si on divise ses deux termes par un même nombre ; 2° si on divise le numérateur seul; 3° si on divise le dénominateur seul ?

*Changements qu'on peut faire subir aux nombres entiers
et fractionnaires sans altérer leur valeur.*

271. 1° *Tout nombre entier peut être transformé
en une expression fractionnaire, en le multipliant
par le nombre qui doit lui servir de dénominateur.*

En opérant ainsi, il est évident qu'on ne change
pas la valeur du nombre proposé; car, si d'un
côté, on le rend un certain nombre de fois plus
grand; de l'autre, il devient le même nombre de
fois plus petit.

Par exemple, soit à transformer le nombre entier 2
en une expression fractionnaire qui ait 3 pour dénominateur : on multipliera 2 par 3, et on aura $\frac{6}{3}$ pour l'expression demandée,

On trouvera de même que

$$3 = \frac{12}{4}; \qquad 5 = \frac{40}{8}; \qquad 7 = \frac{21}{3}; \qquad 8 = \frac{56}{7}.$$

272. 2° Si l'on veut convertir $4 + \frac{5}{6}$ en une
seule fraction, on changera d'abord 4 en *sixièmes*,
ce qui donnera $\frac{4 \times 6}{6}$ ou $\frac{24}{6}$; puis en ajoutant à
ces $\frac{24}{6}$ les $\frac{5}{6}$ qui accompagnent les 4 unités du
nombre proposé, on obtiendra évidemment $\frac{29}{6}$
pour la fraction équivalente à $4 + \frac{5}{6}$.

De là il suit que, *pour transformer un nombre
fractionnaire en une fraction, il faut multiplier
ses unités par le dénominateur de la fraction,*

ajouter au produit le numérateur, et donner à cette somme le dénominateur de la fraction.

En suivant cette règle, on obtiendra les transformations suivantes :

$$2 + \frac{3}{4} = \frac{11}{4}; \quad 7 + \frac{6}{9} = \frac{68}{9}; \quad 5 + \frac{3}{11} = \frac{68}{11}.$$

Réduction des fractions au même dénominateur.

273. Pour comparer entre elles deux fractions quelconques, on doit nécessairement les ramener à représenter des unités de même espèce. On ne saurait en effet établir de comparaison entre des 7es et des 12es; or, le dénominateur indiquant l'espèce des unités que représente la fraction (260), il suffira, pour pouvoir comparer deux ou plusieurs fractions, de les ramener à avoir le même dénominateur.

274. *Pour réduire deux fractions au même dénominateur, il faut multiplier les deux termes de chacune par le dénominateur de l'autre.*

Par cette opération, on ne change pas la valeur des fractions, puisqu'on ne fait que multiplier les deux termes de chacune par un même nombre; et les nouvelles fractions qui en résultent ont un même dénominateur, qui est le produit des deux dénominateurs des fractions primitives.

Ainsi, qu'on ait à réduire au même dénominateur les fractions $\frac{2}{3}$ et $\frac{4}{5}$: on multipliera les deux termes de la fraction $\frac{2}{3}$ par 5, puis ceux de $\frac{4}{5}$ par 3; ce qui les changera respectivement en $\frac{10}{15}$ et $\frac{12}{15}$, qui ont le même dénominateur et sont équivalentes aux premières.

275. En général, *pour réduire autant de fractions que l'on voudra au même dénominateur, on multipliera les deux termes de chacune par le produit des dénominateurs de toutes les autres.*

En suivant cette règle, les nouvelles fractions auront respectivement les mêmes valeurs que les premières, et leur dénominateur commun sera évidemment le produit de tous les dénominateurs des fractions proposées.

Exemple. Réduire au même dénominateur les fractions $\frac{3}{4}$, $\frac{5}{7}$, $\frac{7}{12}$, $\frac{19}{24}$.

On multipliera les deux termes de la première fraction par $7 \times 12 \times 24$; ceux de la seconde par $4 \times 12 \times 24$; ceux de la troisième par $4 \times 7 \times 24$; et enfin ceux de la quatrième par $4 \times 7 \times 12$. On aura ainsi

$$\frac{3 \times 7 \times 12 \times 24}{4 \times 7 \times 12 \times 24}, \quad \frac{5 \times 4 \times 12 \times 24}{7 \times 4 \times 12 \times 24},$$

$$\frac{7 \times 4 \times 7 \times 24}{12 \times 4 \times 7 \times 24}, \quad \frac{19 \times 4 \times 7 \times 12}{24 \times 4 \times 7 \times 12},$$

ou enfin,

$$\frac{6048}{8064}, \quad \frac{6760}{8064}, \quad \frac{4704}{8064}, \quad \frac{6384}{8064};$$

nouvelles fractions qui ont toutes le même dénominateur, et dont les valeurs sont respectivement les mêmes que celles des fractions primitives $\frac{3}{4}$, $\frac{5}{7}$, $\frac{7}{12}$, $\frac{19}{24}$.

276. Si parmi les dénominateurs des fractions proposées, il s'en trouvait un qui fût multiple de

tous les autres, on abrégerait l'opération *en multipliant les deux termes de chaque fraction par le
quotient du dénominateur multiple divisé par le
dénominateur de la fraction qu'on transforme.*

Ainsi pour réduire au même dénominateur les fractions

$$\frac{2}{3}, \ \frac{3}{4}, \ \frac{4}{6}, \ \frac{6}{8}, \ \frac{7}{12} \ \text{et} \ \frac{13}{24},$$

on observera que le dénominateur 24 étant multiple de
tous les autres, il suffit de multiplier les deux termes de
la fraction $\frac{2}{3}$ par le quotient de 24 par 3, ou 8, et ceux
des fractions $\frac{3}{4}, \frac{4}{6}, \frac{6}{8}$ et $\frac{7}{12}$, respectivement par 6, 4, 3
et 2, quotients respectifs de 24 divisé par 4, 6, 8 et 12;
en sorte qu'on obtient les nouvelles fractions

$$\frac{16}{24}, \ \frac{18}{24}, \ \frac{16}{24}, \ \frac{18}{24}, \ \frac{14}{24} \ \text{et} \ \frac{13}{24}.$$

277. Si le plus grand des dénominateurs des
fractions données n'était pas multiple de tous les
autres, on pourrait encore abréger le calcul, *en
choisissant pour dénominateur commun un nombre qui fût multiple de tous, et en multipliant le
numérateur de chaque fraction par le nombre de
fois que ce multiple contient son dénominateur.*

Soient proposées les fractions

$$\frac{1}{2}, \ \frac{3}{5}, \ \frac{5}{6}, \ \frac{4}{10}, \ \frac{7}{12} \ \text{et} \ \frac{19}{20},$$

parmi lesquelles le plus grand dénominateur 20 n'est
pas multiple de tous les autres; on cherchera le plus
petit des multiples de 20 qui le sera également de 2, 5,
6, 10 et 12; on trouvera 60 qu'on prendra pour dénominateur commun; et pour obtenir les numérateurs des
nouvelles fractions, on multipliera ceux des fractions
proposées respectivement par les quotients 30, 12, 10,
6, 5 et 3; ce qui donnera

$$\frac{30}{60}, \ \frac{36}{60}, \ \frac{50}{60}, \ \frac{24}{60}, \ \frac{35}{60} \ \text{et} \ \frac{57}{60}.$$

Exercices sur les fractions ordinaires.

321. Écrire les fractions : *cinq septièmes; neuf treizièmes; vingt-trois vingt-quatrièmes ; soixante-sept cent vingt-cinquièmes; trois cent soixante-quinze cinq cent quarante-troisièmes ; six mille deux cent trente-sept cinquante-trois mille quatre cent soixante-dix-huitièmes.*

322. Énoncer les fractions suivantes : $\frac{4}{9}$; $\frac{7}{11}$; $\frac{23}{32}$; $\frac{415}{872}$; $\frac{8801}{9027}$; $\frac{43704}{56327}$.

323. Mettre le nombre entier 37 sous la forme d'une fraction dont 12 serait le dénominateur.

324. Mettre les fractions décimales suivantes : 0, 3; 0,04 ; 0,005 ; 0,435 ; 0,3557 ; 0,302, 0,40203, sous la forme de fractions ordinaires.

325. Mettre sous la forme de fractions ordinaires les expressions décimales suivantes : 4,002 ; 32,043 ; 27,00007 ; 437,04305; 2457,0030507 ; 5678,10203045.

326. Extraire les entiers compris dans les expressions fractionnaires suivantes : $\frac{87}{4}$; $\frac{28}{9}$; $\frac{345}{17}$; $\frac{569}{13}$; $\frac{4867}{235}$; $\frac{5739}{624}$.

327. Réduire les fractions ordinaires : $\frac{35}{12}$; $\frac{27}{64}$; $\frac{69}{81}$; $\frac{67}{435}$; $\frac{305}{419}$; $\frac{6734}{8682}$; $\frac{2457}{6845}$; $\frac{34729}{43279}$, en fraction décimales.

328. Rendre la fraction $\frac{34}{67}$ 345 fois plus grande.

329. Rendre la fraction $\frac{13}{24}$ 125 fois plus petite.

330. Simplifier l'expression de la fraction $\frac{12}{36}$ sans en changer la valeur.

331. Réduire au même dénominateur les fractions suivantes : $\frac{2}{3}$, $\frac{3}{4}$, $\frac{4}{6}$ et $\frac{5}{7}$.

332. Indiquer quelle est la plus grande des fractions $\frac{37}{46}$ et $\frac{56}{84}$.

Des opérations fondamentales sur les Fractions.

278. Les fractions se composant de parties d'unité de même nom, comme les nombres entiers se forment de la réunion d'unités simples, il en résulte qu'on peut faire sur elles toutes les opérations qu'on effectue sur ces derniers, c'est-à-dire les *additionner*, les *soustraire*, les *multiplier*, les *diviser*.

Addition des fractions.

279. Si les fractions qu'on veut ajouter ont un même dénominateur, il suffit *de faire la somme des numérateurs, et de donner à cette somme le dénominateur commun.*

Ainsi, $\frac{3}{8} + \frac{2}{8} = \frac{5}{8}$; et $\frac{2}{5} + \frac{4}{5} = \frac{6}{5}$, ou $1 + \frac{1}{5}$.

Tout cela est évident.

280. Lorsque les fractions proposées ont des dénominateurs différents, *on les réduit toutes au même dénominateur, et l'opération revient au cas précédent.*

Qu'on veuille ajouter les fractions $\frac{1}{2}$, $\frac{4}{5}$ et $\frac{6}{7}$; en les réduisant au même dénominateur (275), on les change en celles-ci : $\frac{35}{70}$, $\frac{56}{70}$ et $\frac{60}{70}$, dont la somme est $\frac{151}{70} = 2 + \frac{11}{70}$.

Soustraction des fractions.

281. La soustraction des fractions qui ont un même dénominateur se fait *en prenant la différence des numérateurs, et en donnant à cette différence le dénominateur commun.*

Par exemple, de $\frac{6}{7}$ voulant ôter $\frac{2}{7}$, il reste évidemment $\frac{4}{7}$; de même, $\frac{12}{16} - \frac{5}{16} = \frac{7}{16}$.

282. Lorsque les fractions ont des dénominateurs différents, il faut, pour rendre la soustraction possible, *les réduire au même dénominateur, ensuite appliquer aux nouvelles fractions la règle donnée ci-dessus.*

Ainsi pour trouver l'excès de $\frac{3}{4}$ sur $\frac{2}{3}$ on change ces fractions en $\frac{9}{12}$ et $\frac{8}{12}$ (274) ; puis soustrayant $\frac{8}{12}$ de $\frac{9}{12}$, on obtient $\frac{1}{12}$ pour la différence cherchée.

Multiplication des fractions.

283. Trois cas se présentent ordinairement dans la multiplication des fractions : on peut avoir à multiplier,

1° *Une fraction par un nombre entier ;*

2° *Un nombre entier par une fraction ;*

3° *Une fraction par une fraction.*

284. Dans les deux premiers cas, il suffit de *multiplier le numérateur de la fraction par le nombre entier.*

1° En effet, soit à multiplier $\frac{5}{7}$ par 3, le produit sera évidemment $\frac{15}{7}$ (270, 2°).

2° Soit maintenant, à multiplier 3 par $\frac{4}{5}$ on, aura également $\frac{12}{5}$ pour produit; en effet multiplier 3 par $\frac{4}{5}$, c'est prendre 4 fois le $\frac{1}{5}$ de 3, mais le $\frac{1}{5}$ de 3 est $\frac{3}{5}$, donc les $\frac{4}{5}$ de 3 sont $\frac{12}{5}$, donc $3 \times \frac{4}{5} = \frac{12}{5}$, donc enfin la règle énoncée est exacte.

285. Pour multiplier deux fractions entre elles, il faut *multiplier les numérateurs l'un par l'autre, et multiplier de même les dénominateurs.*

Soient les fractions $\frac{7}{8}$ et $\frac{3}{4}$, leur produit sera $\frac{7 \times 3}{8 \times 4}$ ou $\frac{21}{32}$.

Multiplier $\frac{7}{8}$ par $\frac{3}{4}$ c'est prendre 3 fois le *quart* de $\frac{7}{8}$, mais le *quart* de $\frac{7}{8}$ est $\frac{7}{32}$ puisque le numérateur restant le même les parties de l'unité sont quatre fois plus petites, (270 bis, 3°), donc les $\frac{3}{4}$ de $\frac{7}{8}$ sont $\frac{21}{32}$; donc le produit de $\frac{7}{8}$ par $\frac{3}{4} = \frac{7 \times 3}{8 \times 4}$.

286. La règle qui précède s'applique également à la multiplication d'un plus grand nombre de fractions; mais *pour abréger le calcul, on a soin de supprimer au numérateur et au dénominateur du produit tous les facteurs communs qui peuvent s'y trouver, ce qui ne change pas sa valeur* (270-1°).

Ainsi, voulant multiplier les fractions $\frac{2}{3}$, $\frac{3}{4}$, $\frac{5}{6}$, $\frac{4}{5}$ et $\frac{6}{7}$, on obtient par la règle $\frac{2 \times 3 \times 5 \times 4 \times 6}{3 \times 4 \times 6 \times 5 \times 7}$; et comme les

QUESTIONS. 285. Comment s'effectue la multiplication de deux ou plusieurs fractions l'une par l'autre? — 286. Ne peut-on pas quelquefois abréger le calcul, dans le cas de la multiplication de plusieurs fractions?

facteurs 3, 4, 5 et 6 sont communs aux deux termes du résultat, en les faisant disparaître (270), il vient alors $\frac{2}{7}$ pour le produit des fractions proposées.

De même, $\frac{3}{5} \times \frac{6}{11} \times \frac{2}{3} \times \frac{6}{9} = \frac{3 \times 6 \times 2 \times 6}{5 \times 11 \times 3 \times 9} = \frac{6 \times 2}{11 \times 9} = \frac{12}{99} = \frac{4}{33}$.

Division des fractions.

287. Dans la division, comme dans la multiplication des fractions, on peut avoir à diviser :

1° *Une fraction par un nombre entier ;*

2° *Une fraction par une fraction ;*

3° *Un nombre entier par une fraction.*

288. Pour diviser une fraction par un nombre entier, la règle est de *multiplier le dénominateur de la fraction par ce nombre, sans changer le numérateur*[*].

Qu'on ait à diviser $\frac{3}{4}$ par 5, on obtiendra pour quotient $\frac{3}{4 \times 5}$ ou $\frac{3}{20}$.

En effet, puisque $\frac{1}{4}$ contient le *quart* de 1, $\frac{1}{4}$ contient le *vingtième* de 5, donc $\frac{3}{4}$ contient 3 fois le *vingtième* de 5, donc le quotient de $\frac{3}{4}$ par 5 est $\frac{3}{4 \times 5} = \frac{3}{20}$.

289. Pour diviser un nombre entier par une

---

[*] Il est indispensable, pour bien comprendre l'explication de ce principe et des suivants, de ne pas perdre de vue que *la division a pour but de chercher combien de fois le dividende contient le diviseur.*

QUESTIONS. 287. Combien se présente-t-il de cas dans la division des fractions ; quels sont-ils ? — 288. Comment s'effectue la division : 1° d'une fraction par un nombre entier ; — 289. 2° la division d'un nombre entier par une fraction ?

fraction, *on multiplie le dividende par la fraction diviseur renversée* *.

Qu'il s'agisse, par exemple, de diviser 7 par $\frac{3}{4}$ on multipliera 7 par $\frac{4}{3}$, et $\frac{28}{3}$ ou $9 + \frac{1}{3}$ sera le quotient.

En effet puisque 1 contient $\frac{1}{4}$ 4 fois, 7 contient $\frac{1}{4}$ 28 fois et par conséquent il contient $\frac{3}{4}$ trois fois moins, donc le quotient de 7 par $\frac{3}{4}$ est $\frac{28}{3}$ ou $\frac{7 \times 4}{3}$.

290. Enfin la division d'une fraction par une fraction s'effectue *en multipliant la fraction dividende par la fraction diviseur renversée.*

Ainsi, diviser $\frac{3}{8}$ par $\frac{2}{5}$, revient à multiplier $\frac{3}{8}$ par $\frac{5}{2}$, ce qui donne $\frac{15}{16}$ pour résultat.

En effet, puisque $\frac{1}{8}$ contient le *huitième* de 1, $\frac{1}{8}$ contient le $\frac{1}{16}$ de 2; donc $\frac{3}{8}$ contient $\frac{3}{16}$ de 2; mais $\frac{2}{5}$ est 5 fois plus petit que 2; donc $\frac{3}{8}$ contiendront les $\frac{15}{16}$ de $\frac{2}{5}$, donc le quotient de $\frac{3}{8}$ par $\frac{2}{5}$ sera $\frac{15}{16} = \frac{3 \times 5}{8 \times 2}$

Problèmes sur l'addition, la soustraction, la multiplication et la division des fractions.

333. Quelle est la somme des fractions $\frac{2}{3}$, $\frac{1}{7}$, $\frac{4}{6}$ et $\frac{3}{4}$?

334. On a vendu séparément les $\frac{2}{5}$, le $\frac{1}{10}$ et la $\frac{1}{2}$ d'un mètre de drap; combien en a-t-on vendu en tout?

335. Une grande règle de bois contient à la fois les $\frac{7}{14}$, la $\frac{1}{2}$ et les $\frac{3}{5}$ d'un mètre; quelle est sa longueur?

336. Un ouvrier a travaillé successivement $\frac{2}{3}$, $\frac{1}{2}$ et $\frac{1}{4}$ d'heure; combien d'heures de travail lui doit-on?

---

* *Renverser* une fraction, c'est prendre le dénominateur pour numérateur, et réciproquement; ainsi, la fraction $\frac{2}{3}$ renversée devient $\frac{3}{2}$.

QUESTION. 290. Comment s'effectue la division d'une fraction par une fraction?

337. Trois sources fournissent par minute : la première $\frac{4}{6}$ de décalitre, la deuxième $\frac{2}{3}$, la troisième $\frac{7}{8}$ de décalitre ; que donnent-elles ensemble par minute ?

338. Trouver la différence qui existe entre les fractions $\frac{5}{7}$ et $\frac{3}{4}$.

339. Un coupon d'étoffe avait $\frac{7}{10}$ de mètre, on en a vendu $\frac{2}{5}$ de mètre ; combien en reste-t-il ?

340. Un flacon pèse $\frac{3}{4}$ de kilogramme ; on lui enlève son bouchon, et il ne pèse plus que $\frac{2}{3}$ de kilogramme ; on désire savoir le poids du bouchon.

341. Deux filtres donnent : le premier $\frac{4}{6}$, et le second $\frac{5}{9}$ de litre de liqueur dans le même temps ; combien l'un en produit-il de plus que l'autre ?

342. On demande quels sont les $\frac{7}{8}$ de 40 francs ?

343. Déterminer ce que coûteront $\frac{3}{4}$ de kilogramme de café, à raison de 2 francs le kilogramme.

344. Un voyageur fait $\frac{2}{5}$ de myriamètre par heure ; combien en fera-t-il en 15 heures ?

345. Trouver les $\frac{5}{8}$ des $\frac{4}{6}$ d'un litre.

346. On donne en échange $\frac{5}{4}$ de kilogramme de café pour un kilogramme de sucre ; combien en recevra-t-on pour les $\frac{2}{3}$ d'un kilogramme de sucre ?

347. Quel est le huitième de la fraction $\frac{4}{6}$?

348. On demande le quotient de $\frac{15}{32}$ divisés par $\frac{5}{7}$.

Calcul des Nombres fractionnaires.

291. Pour effectuer les quatre opérations fondamentales sur les nombres fractionnaires, on *commence par les transformer en fractions équi-*

valentes; alors, il ne reste plus qu'à ajouter, soustraire, multiplier ou diviser les fractions; ce qui s'exécute au moyen des règles données précédemment.

Les exemples suivants suffiront pour se familiariser avec ce calcul.

1° Soit à trouver la somme des nombres fractionnaires $3 + \frac{4}{5}$ et $6 + \frac{2}{3}$. On les changera en $\frac{19}{5}$ et $\frac{20}{3}$; puis ajoutant ces fractions, on obtiendra $\frac{157}{15}$, ou $10 + \frac{7}{15}$, pour la somme des nombres fractionnaires proposés.

2° Soustraire $4 + \frac{3}{7}$ de $9 + \frac{1}{2}$. Changeant ces nombres en fractions, ils deviennent $\frac{31}{7}$ et $\frac{19}{2}$; retranchant alors $\frac{31}{7}$ de $\frac{19}{2}$, on trouvera $\frac{71}{14}$, ou $5 + \frac{1}{14}$, pour la différence cherchée.

Remarque. On peut abréger ces deux calculs en opérant immédiatement sur les nombres donnés, c'est-à-dire, en ajoutant ou soustrayant d'abord les fractions, et passant ensuite aux unités entières qui les accompagnent.

On devra avoir soin, dans la soustraction, d'augmenter la fraction supérieure, chaque fois qu'elle sera trop faible, d'une unité convertie en fraction d'une dénomination pareille, et, par compensation, d'ôter aussi une unité du nombre entier qui la précède.

3° Multiplier $2 + \frac{3}{4}$ par $5 + \frac{2}{5}$. Les fractions équivalentes à ces nombres sont $\frac{11}{4}$ et $\frac{27}{5}$, lesquelles étant multipliées l'une par l'autre donnent $\frac{297}{20}$, ou $14 + \frac{17}{20}$, pour produit.

4° Enfin, qu'on ait à diviser $6 + \frac{1}{2}$ par $4 + \frac{2}{3}$. Ces nombres transformés en fractions deviendront $\frac{13}{2}$ et $\frac{14}{3}$, expressions qui, étant divisées l'une par l'autre, donneront $\frac{39}{28}$, ou $1 + \frac{11}{28}$, pour le quotient de la division de $6 + \frac{1}{2}$ par $4 + \frac{2}{3}$.

Ces opérations n'exigent aucune démonstration, étant fondées sur les principes exposés plus haut.

Exercices

SUR LES NOMBRES FRACTIONNAIRES.

249. On demande combien il y a de mètres de toile dans une pièce qui en contient 297 *huitièmes*.

250. Quel est le nombre de seizièmes de kilogramme qui entre dans 52 kilogrammes?

251. Un tailleur demande 2 mètres $\frac{1}{4}$ d'un certain drap pour faire un habit, 1 mètre $\frac{1}{3}$ pour un pantalon, et $\frac{5}{8}$ pour un gilet; combien faut-il lui en donner?

252. Une machine peut filer 2 kilogrammes $\frac{3}{4}$ de coton par heure; combien en filera-t-elle dans l'espace de 5 heures $\frac{1}{2}$?

253. 7 mètres $\frac{5}{8}$ d'une étoffe ont coûté 183 francs; on demande le prix du mètre.

254. On a payé 64^r, 75^c pour 4 mètres $\frac{5}{8}$ de velours; on demande combien auraient coûté 7 mètres $\frac{3}{4}$.

Comparaison du calcul des Nombres décimaux et des nombres fractionnaires.

292. On peut apprécier combien le calcul des nombres décimaux l'emporte, par sa simplicité, sur celui des fractions ordinaires et surtout des nombres fractionnaires, en rapprochant les mêmes opérations fondamentales effectuées sur ces deux espèces de nombres; leur inspection seule suffira pour convaincre de cette vérité.

Opérations

sur les nombres décimaux.   *sur les nombres fractionnaires.*

1° ADDITION.

Ajouter les nombres suivants :

$$7,4$$
$$0,75$$
$$6,875$$

Somme... $15,025$

Faire la somme des nombres

$$7 + \tfrac{2}{5}$$
$$6 + \tfrac{7}{8}$$

On les changera en ceux-ci :

$$7 + \tfrac{16}{40}$$
$$0 + \tfrac{35}{40}$$
$$6 + \tfrac{35}{40}$$

dont la somme est.... $13 + \tfrac{11}{40}$

2° SOUSTRACTION.

On demande la différence des nombres $8,25$ et $4,6$.

$$8,25$$
$$4,6$$

Différence..... $3,65$

De $8 + \tfrac{1}{4}$ on veut ôter $4 + \tfrac{3}{5}$.

Il faut transformer ces nombres en

$$8 + \tfrac{5}{20}$$

et

$$4 + \tfrac{12}{20}$$

La *différence* sera $3 + \tfrac{13}{20}$

3° MULTIPLICATION.

Trouver le produit de $2,75$ par.............. $3,5$

$$1375$$
$$825$$
$$9,625$$

On propose de multiplier

$$2 + \tfrac{3}{4} \Big\}$$ on changera $\Big\{ \tfrac{11}{4}$
par $3 + \tfrac{1}{2} \Big\}$ ces nombres en $\Big\{ \tfrac{7}{2}$

puis $\tfrac{11}{4} \times \tfrac{7}{2}$ donnera $\tfrac{77}{8}$ ou $9 + \tfrac{5}{8}$ pour *résultat*.

4° DIVISION.

Diviser $5,6$ par $3,25$.

Dispositif du calcul.

$$5,60 \;\Big\{\; \overline{\quad 3,25 \quad}$$
$$2,350 \;\Big\{\; Q^{t}.\ 1,72$$
$$0750$$
$$0$$

Soit $5 + \tfrac{3}{5}$ à diviser par $3 + \tfrac{1}{4}$.

On transformera ces nombres en

$$\tfrac{28}{5} \text{ et } \tfrac{13}{4},$$

puis on aura

$$\tfrac{28}{5} : \tfrac{13}{4} = \tfrac{28}{5} \times \tfrac{4}{13} = \tfrac{112}{65} = 1 + \tfrac{47}{65}.$$

On rendrait plus sensible encore la différence de ces calculs en prenant des exemples compliqués.

TROISIÈME PARTIE.

CHAPITRE VI.

APPLICATION DES OPÉRATIONS DE L'ARITHMÉTIQUE A LA
SOLUTION DE DIVERSES QUESTIONS.

PROBLÈMES DIVERS.

293. En général, les questions d'arithmétique qui se présentent le plus ordinairement dans la vie usuelle sont susceptibles d'être résolues au moyen des quatre règles fondamentales seulement. Celles qui sont traitées dans ce chapitre exigeant un raisonnement plus suivi que celles que nous avons proposées jusqu'ici, les élèves trouveront dans les quelques solutions qui vont suivre le moyen de résoudre les problèmes dont nous avons donné seulement les énoncés ou ceux qu'ils pourront se proposer eux-mêmes.

PROBLÈME I. *Un tailleur a payé 45 fr. 3 mètres d'étoffe; on demande combien lui coûteront 27 mètres de la même étoffe.*

Solution. Pour résoudre ce problème, on raisonne ainsi qu'il suit :

Si 3 mètres d'étoffe ont coûté 45 fr., 1 mètre seul a coûté trois fois moins ou $\frac{45}{3}$. 27 mètres coûteront 27 fois plus que 1 mètre, ou $\frac{45}{3} \times 27$.

27 mètres d'étoffe, dont 3 mètres ont coûté 45 fr., coûteront donc 405 fr.

PROBLÈME II. *27 mètres d'une étoffe ont coûté 405 fr.; combien coûteront 3 mètres de la même étoffe?*

En raisonnant comme précédemment, on a :
27 mètres ont coûté 405 francs ;

1 mètre coûtera $\frac{405}{27}$;
3 mètres coûteront $\frac{405}{27} \times 3$, ou 45 fr.

Ce résultat vérifie l'exactitude de la solution du problème précédent.

PROBLÈME III. *Une ville de garnison est défendue par 4 000 hommes, et possède encore pour 145 jours de vivres ; elle reçoit 1 000 hommes de plus ; combien de temps dureront les vivres?*

Solution. Si 4 000 hommes ont pour 145 jours de vivres, un seul homme en aura pour 4 000 fois 145 jours, ou pour 145×4 000 jours; 4 000+1 000 hommes, ou 5 000 hommes, en auront donc pour 5 000 fois moins de temps, ou pour $\frac{145 \times 4\,000}{5\,000}$, ou enfin pour 116 jours.

La question suivante servira de vérification à celle qui précède.

PROBLÈME IV. *5 000 hommes, défendant une ville assiégée, ont pour 116 jours de vivres ; pour combien de jours en auront-ils, s'ils sont réduits à 4 000?*

Solution. Si 5 000 hommes ont pour 116 jours de nourriture, un seul en aura pour 5 000 fois 116 jours, ou pour 116×5 000 jours ; 4 000 hommes en auront pour 4 000 fois moins de temps, ou pour $\frac{116 \times 5\,000}{4\,000}$, ou enfin pour 145 jours.

PROBLÈME V. *4 ouvriers, travaillant 8 heures par jour, ont bêché un terrain contenant 12 ares ; on de-*

mande combien 6 *ouvriers, travaillant pendant* 12 *heures, bêcheront d'ares dans le même temps.*

Solution. Pour résoudre ce problème, on raisonne de la manière suivante : 4 ouvriers travaillant pendant 8 heures feront le même ouvrage qu'un nombre d'ouvriers 8 fois plus grand, ou 4×8 ouvriers qui ne travailleraient que pendant une heure ; de même 6 ouvriers, travaillant pendant 12 heures, feront le même ouvrage qu'un nombre d'ouvriers 12 fois plus grand, ou 6×12 ouvriers qui ne travailleraient qu'une heure. La question est donc ramenée à celle-ci :

En 1 *heure* 4×8 *ouvriers ont bêché un terrain de* 12 *ares de surface : combien* 6×12 *ouvriers bêcheront-ils d'ares dans le même temps?*

En raisonnant comme il a été fait précédemment, la question est ainsi simplifiée.

4×8 ouvriers ont bêché   12 ares ;

1 ouvrier a bêché $\dfrac{12}{4 \times 8}$ ares ;

6×12 ouvriers bêcheront $\dfrac{12}{4 \times 8} \times 6 \times 12$, ou $\dfrac{12 \times 6 \times 12}{4 \times 8}$,

ou 27 ares.

Donc 6 ouvriers travaillant 12 heures par jour bêcheront 27 ares de terrain.

Nota. Dans les applications des proportions à la résolution de diverses questions d'arithmétique, on remarquera que les problèmes ci-dessus ne sont autres que des problèmes sur les *règles de trois*.

PROBLÈMES A RÉSOUDRE.

855. 315 tombereaux de terre ont suffit pour combler un trou de $630^{m.c}$; combien en faudra-t-il pour combler un trou de $1580^{m.c}$?

856. On a acheté 395^{kg} de sucre pour 242 fr. 53 c. ; on en a payé un nouvel achat 383 fr. 75 c.; en exprimer le poids en kilogrammes.

857. En 15 jours, un courrier a parcouru 2 220^{KM}; en combien de jours en parcourra-t-il 1 480?

858. Un voiturier demande 136 fr. 50 c. pour transporter de Paris à Marseille divers objets pesant 825^{KG}; combien prendrait-il si le poids était de 275^{KG}?

859. Un ouvrier, pour un travail de 25 jours, a reçu 112 fr. 50 c.; quelle somme lui était due après 5 jours?

860. 7 385^{KG} de pain suffisent pour nourrir la garnison d'un fort pendant 25 jours; combien en faudra-t-il pour la nourrir pendant 15 jours seulement?

861. Un tailleur a employé 265^m de drap pour habiller une compagnie de 150 hommes; combien en faudra-t-il pour 1 500 hommes de la même taille?

862. 350 ouvriers ont employé 65 jours pour bâtir une redoute; combien faudrait-il de jours à 455 ouvriers pour en construire une semblable?

863. Une batterie de campagne, tirant 184 coups par heure, a des munitions pour 39 heures; de combien faut-il réduire par heure le nombre des coups, pour faire durer ces munitions 13 heures de plus?

864. Un boulanger est convenu avec un chef d'établissement de faire chaque jour, pour 135 élèves, la fourniture du pain, à raison de 6 hectog. pour chacun d'eux; le nombre des élèves s'étant accru de 27, sans que la quantité du pain fournie ait été augmentée, quelle est alors la ration de chaque élève?

865. Un charpentier a employé, pour les planchers d'une maison, 135 planches larges de 0^m,22; combien en aurait-il employé d'une largeur de 0^m,15?

866. Un fontainier a employé, pour conduire les eaux d'une fontaine, 25 tuyaux en fonte de 1^m,35 de long; combien aurait-il dû employer de tuyaux d'une longueur de 2^m,25 pour arriver au même but?

867. 345 soldats ont brûlé en 10^h 172 500 cartouches; en combien d'heures 150 soldats les auraient-ils brûlées?

RÈGLES D'INTÉRÊT.

294. Les *règles d'intérêt* ont pour but de calculer le bénéfice dû pour une somme d'argent prêtée à certaines conditions déterminées. Ici, il s'agit de trouver une quatrième quantité à l'aide de trois autres données.

295. Les quatre quantités faisant nécessairement partie d'une *règle d'intérêt*, sont : le CAPITAL, l'INTÉRÊT, le TAUX et le TEMPS.

296. Le CAPITAL n'est autre chose que la somme prêtée.

297. L'INTÉRÊT est ce que l'emprunteur doit ajouter au *capital*, lors du remboursement.

298. Le TAUX est *l'intérêt* de 100 fr. à la fin d'une année.

Ainsi, quand on dit qu'une somme est prêtée au taux de 5, 6, 7 pour 100, cela signifie que pour chaque 100 francs de cette somme, le débiteur payera, à la fin d'une année, un intérêt de 5, 6 ou 7 francs.

299. Le TEMPS indique le nombre d'années, de mois ou de jours, pendant lesquels le *capital* reste entre les mains de l'emprunteur.

Nota. Dans les questions d'intérêt, le temps se réduit en jours ; l'année n'en comprend que 360, le mois en contient 30. *(Loi du 18 frimaire an III.)*

300. *L'intérêt est simple ou composé.*

QUESTIONS. 294. Quel est le but de la règle d'intérêt ? — 295. Quelles sont les quatre quantités qui en font nécessairement partie ? — 296. Qu'est-ce que le capital ? — 297. Qu'est-ce que l'intérêt ? — 298. Qu'est-ce que le taux ? — 299. Qu'est-ce que le temps ? — 300. Comment divise-t-on l'intérêt ?

301. Il est *simple*, lorsqu'il se paie à la fin de chaque année, sans jamais se joindre au *capital* pour porter lui-même *intérêt*.

302. Il est *composé*, lorsqu'il s'ajoute chaque année au *capital* pour porter *intérêt* l'année suivante. On prend alors les *intérêts* des *intérêts*.

Intérêt simple.

303. Dans une *règle d'intérêt simple*, on peut avoir à déterminer indistinctement l'*intérêt*, le *capital*, le *taux* ou le *temps*. Nous allons discuter ces différents cas par un exemple, et nous en déduirons la marche générale à suivre pour résoudre les diverses questions relatives à chacun d'eux.

304. *Premier exemple. Quel sera l'intérêt d'une somme de 4 500 fr., prêtée au taux de 5 pour 100, pendant 2 ans 7 mois et 20 jours?*

Solution. 2 ans 7 mois et 20 jours représentent 950 jours.

L'intérêt de 100 francs pour 360 jours est   5 fr.

Celui de 1 fr. en sera la 100e partie, ou $\dfrac{5}{100}$

Celui de 1 fr. pour 1 jour sera $\dfrac{5}{100 \times 360}$

Celui de 4 500 fr. pour 1 jour sera $\dfrac{5 \times 4500}{100 \times 360}$

Enfin, celui de 4 500 fr. pour 950 jours sera $\dfrac{5 \times 4500 \times 950}{36000}$

L'intérêt cherché est donc 593 fr. 75 c.

305. Donc, pour obtenir *l'intérêt* d'un *capital* placé pendant un *temps* donné, à un *taux* déterminé, *il faut faire le produit du taux par le capital, multiplier ce produit par le temps, et diviser le résultat par le nombre* 36 000.

Si le capital était placé pendant 1 an exactement, l'intérêt s'obtiendrait en multipliant le taux par le capital, et en divisant le produit par 100.

306. Deuxième exemple. *Un capital placé pendant* 3 *ans,* 5 *mois,* 15 *jours, à* 6 *pour* 100, *a produit* 332 *fr. d'intérêts; quel est ce capital ?*

Solution. 3 ans, 5 mois, 15 jours, font 1 245 jours.

6 fr., après 360 jours, venant de	100 fr.
1 fr., après 360 jours, vient de	$\dfrac{100}{6}$
1 fr., après 1 jour, vient de	$\dfrac{36000}{6}$
332 fr., après 1 jour, viennent de	$\dfrac{332 \times 36000}{6}$
332 fr., après 1 245 jours, viennent de	$\dfrac{332 \times 36000}{6 \times 1245}$

Le capital cherché est donc 1 600 fr.

307. Donc, pour obtenir le *capital* à l'aide des trois autres éléments, *on multiplie les intérêts connus par* 36 000, *et on divise le résultat par le produit du taux multiplié par le temps*

308. Troisième exemple. *Un capital de* 45 000 *fr., placé pendant* 4 *mois,* 25 *jours, a produit un intérêt de* 1 268 *fr.* 75 *c.; quel était le taux de l'intérêt ?*

QUESTION. 307. Comment détermine-t-on un capital, connaissant l'intérêt qu'il a produit après un temps connu, le taux de cet intérêt étant aussi déterminé ?

Solution. 4 mois 25 jours valent 145 jours.

45 000 fr. ayant rapporté en 145 jours 268f,75

1 fr. a rapporté en 145 jours $\frac{1268,75}{45000}$

1 fr. a rapporté en 1 jour $\frac{1268,75}{45000 \times 145}$

1 fr. a rapporté en 360 jours $\frac{1268,75 \times 360}{45000 \times 145}$

100 fr. ont rapporté en 360 jours $\frac{1268,75 \times 36000}{45000 \times 145}$

Le taux de l'intérêt était à 7 pour 100.

309. Donc, pour déterminer le *taux* à l'aide des trois autres éléments, *il faut multiplier par* 36 000 *les intérêts connus, et diviser le résultat par le produit du capital multiplié par le temps.*

310. **Quatrième exemple.** *Un capital de* 45 000 *fr., placé à* 7 *pour* 100, *a rapporté* 1 268 *fr.* 75 ; *pendant quel temps est-il resté placé?*

Solution. 100 fr. rapportant 7 fr. en 360 jours,

1 fr. rapportera 7 fr. en 36 000 jours.

1 fr. rapportera 1 fr. en $\frac{36000}{7}$ j.

45 000 fr. rapporteront 1 fr. en $\frac{36000}{7 \times 45000}$ j.

45 000 fr. rapporteront 1268 fr. 75 en $\frac{36000 \times 1268,75}{7 \times 45000}$ j.

Le temps cherché est donc 145 jours.

311. Donc, pour déterminer le *temps*, à l'aide des trois autres éléments, il faut *multiplier l'in-*

QUESTIONS. 309. Comment détermine-t-on le taux de l'intérêt, connaissant les trois autres éléments ? — 311. Comment trouve-t-on le temps pendant lequel un capital a été placé, connaissant le capital, l'intérêt produit et le temps du placement ?

térêt connu par 36 000, *et diviser le produit par celui du taux multiplié par le capital.*

Ce dernier exemple vérifie le précédent.

Intérêts composés.

312. Un moyen facile de déterminer l'intérêt composé d'un capital placé pendant un certain nombre d'années et à un taux déterminé, consiste *à calculer d'abord l'intérêt de ce capital après la première année, ensuite l'intérêt simple de ce capital augmenté de son intérêt, après la deuxième année, et ainsi de suite, jusqu'à ce qu'on ait épuisé le nombre des années.* Si, outre les années entières, il y a des mois et des jours, *on calcule l'intérêt du capital de la dernière année, augmenté de son intérêt pour le nombre de jours donné.*

313. On fait ainsi dépendre la solution d'une règle d'intérêts composés de celle de plusieurs règles d'intérêt simple, dont le nombre est fixé par celui des années pendant lesquelles le capital a été placé.

314. Exemple. *Un capital de 25 000 fr. est resté placé pendant 3 ans, 5 mois, 15 jours, à intérêts composés, au taux de 5 pour 100 ; à combien s'élève l'intérêt ?*

Solution. 5 mois 15 jours font 165 jours.

Pour 1 an, l'intérêt de 25 000 fr. est (305) $\dfrac{5 \times 25000}{100}$ ou 1 250 fr.

QUESTION. 312. Comment détermine-t-on la solution d'une règle d'intérêt composés?

Pour la 2ᵉ année, le capital est $25\,000 + 1\,250$, ou $26\,250$ fr., dont l'intérêt pour 1 an est $\frac{5 \times 26\,250}{100}$, ou $1\,312$ fr. 50 c.

Pour la 3ᵉ année, le capital devient $26\,250 + 1\,312$ fr. 50 c., $27\,562$ fr. 50 c., dont l'intérêt pour 1 an est $\frac{5 \times 27\,562,50}{100}$, ou $1\,378$ fr. 12 c.

Enfin, pour la 4ᵉ année, le capital est $27\,562$ fr. 50 c., $+ 1\,378$ fr. 12 c., ou $28\,940$ fr. 62 c., dont l'intérêt, pour 165 jours, est (305) $\frac{5 \times 28\,940,62 \times 165}{36\,000}$, ou 663 fr. 68 c.

L'intérêt composé de $25\,000$ fr., placés pendant 3 ans, 5 mois, 15 jours, sera donc égal à la somme des divers intérêts obtenus ci-dessus, ou à $4\,604$ fr. 30 cent.

RÈGLE D'ESCOMPTE.

315. La *règle d'escompte* est une opération par laquelle on détermine la retenue qu'on doit opérer sur un billet payé avant l'échéance.

316. *L'escompte*, tel qu'il se prélève dans le commerce, n'est autre chose que *l'intérêt simple de la somme énoncée sur le billet, pour le temps à courir depuis le jour où il est escompté jusqu'à celui de l'échéance.*

317. Déterminer l'escompte d'un billet revient donc à chercher l'intérêt d'une somme prêtée pendant un certain temps à un taux déterminé.

318. Le *taux* de l'escompte est ordinairement à 6 pour 100 par an.

319. Exemple. *Quel sera l'escompte à prélever sur un*

billet de 750 *fr.* payable dans 45 *jours, l'escompte étant de 6 pour 100 ?*

Solution. On raisonne ainsi qu'il suit :

L'escompte de 100 fr. pour 360 jours étant   6 fr.

Celui de 100 fr. pour 1 jour est $\dfrac{6}{360}$.

Celui de 1 fr. pour 1 jour est $\dfrac{6}{36000}$

Celui de 750 fr. pour 1 jour est $\dfrac{6 \times 750}{36000}$

Enfin, celui de 750 fr. pour 45 jours est $\dfrac{6 \times 750 \times 45}{36000}$.

Donc, l'escompte cherché sera 5 fr. 62 c.

NOTA. Les banquiers, outre l'escompte, retiennent aussi un droit de commission, qui varie suivant le temps de 0,25 à 1 fr. pour 100 sur le montant du billet.

PROBLÈMES

Sur les règles d'intérêt et d'escompte.

368. Déterminer l'intérêt simple d'un capital de 8 460 fr. placé pendant 3 ans, 3 mois, au taux de 6 pour 100.

369. Un capital prêté pendant 15 mois, à 6 pour 100, a produit 3 240 fr. d'intérêts ; quel est ce capital ?

370. Une somme de 60 000 fr. est restée placée 750 jours et a produit après ce temps un intérêt de 6 250 fr. ; quel était le taux de l'intérêt ?

371. Un usurier a prêté une somme de 3 650 fr. à raison de 15 pour 100 ; quelle somme l'emprunteur devra-t-il lui rembourser après 180 jours ?

372. Une somme de 30 000 fr., prêtée à 6 pour 100, a produit un intérêt de 7 860 fr ; pendant quel temps a-t-elle été placée ?

373. Une somme de 1 845 fr., placée pendant 4 ans, a produit 369 fr. d'intérêts ; à quel taux était-elle placée ?

374. Un capital placé à 6 pour 100 a rapporté en 825 jours 13 540 fr. d'intérêts ; quel était ce capital ?

375. Un billet de 2 700 fr. est payable dans 30 jours ; quel escompte doit-il subir, le taux de l'escompte étant 8 pour 100 ?

376. Un billet de 8 560 fr., *escompté à 6 pour 100*, a subi, à titre d'escompte, une retenue de 128 fr. 40 c. ; à quelle époque était-il payable ?

377. Un particulier emprunte 1 500 fr. à un banquier et fait, 4 mois après, un nouvel emprunt de 1 000 fr. ; 6 mois plus tard, il rembourse 800 fr., et 10 mois après, 500 fr. ; enfin, il veut s'acquitter 3 ans 4 mois après le premier emprunt ; on demande ce qu'il doit alors au banquier, sachant qu'il paye 5 pour 100 à intérêts composés.

378. Un particulier voulant entreprendre un voyage, laisse entre les mains de son banquier une somme de 180 000 fr. dont celui-ci doit lui payer l'intérêt à 4ᶠ 50 pour 100 par an. Après une absence de 4 ans 8 mois, ce particulier se présente pour toucher les intérêts de son capital ; combien doit-il recevoir ?

379. Un individu prête une somme de 135 000 fr. pour 3 ans, à condition qu'on lui remboursera avec le capital, les intérêts des intérêts au taux de 5ᶠ 50ᶜ pour 100 par an. Quelle somme devra-t-il toucher après ces trois années ? à combien s'élèveront les intérêts ?

380. Combien rapporteront 50 000 fr. placés pendant 2 ans 5 mois, à intérêts composés et au taux de 6 pour 100 ?

381. Combien rapporteront 500 000 fr. placés pendant 2 ans 5 mois, à intérêts composés et au taux de 6 pour 100 ?

RÈGLES DE SOCIÉTÉ.

320. La *règle de société* est une opération par laquelle on répartit entre plusieurs personnes la *perte* ou le *gain* résultant d'une entreprise commerciale faite en commun.

321. Dans une *règle de société*, il y a à considérer la *différence des mises* de chaque associé, et ensuite le *temps* pendant lequel ces mises restent dans la société. De là vient la division de cette règle en *règle de société simple* et en *règle de société composée*.

Règle de société simple.

322. La *règle de société* est *simple*, quand les sommes à répartir ne dépendent que de la différence des mises placées pendant le même temps.

323. Exemple. *Trois commerçants réunis, pour une entreprise, y ont placé : le premier, 35 450 fr.; le deuxième, 25 800 fr.; le troisième, 15 000 fr.; à la dissolution de la société, ils doivent se partager un bénéfice de 12 500 fr.; quelle sera la part de chacun?*

Solution. On fait la somme 76 250 des trois mises, et on raisonne ainsi qu'il suit :

Si 76 250 fr. ont produit un bénéfice de 12 500 fr, 1 fr. a produit $\frac{12500}{76250}$ fr.; 35 450 ont produit $\frac{12500}{76250} \times 35\,450$, ou 5811 fr. 47 c.; 25 800 fr. produiront $\frac{12500}{76250} \times 25\,800$, ou

4229fr.51c.; enfin, 15 000 fr. produiront $\frac{12500}{76250} \times 15000$, ou 2 459 fr. 02 c.

La part du premier commerçant sera donc de 5 811 fr. 47 c., celle du deuxième de 4 229 fr. 51 c., et celle du troisième de 2459 fr. 02 c.

324. Pour vérifier l'exactitude de ce résultat, il suffit de faire la somme de ces trois parts, qui doit être égale au bénéfice à partager.

325. On conclut de là que, pour déterminer une part quelconque dans une règle de société, il faut *multiplier la somme à partager par la mise correspondante à cette part, et diviser le résultat par la somme des mises.*

Règle de société composée.

326. La *règle de société* est composée, lorsque les parts de chaque associé dépendent de plusieurs circonstances; lorsque, par exemple, des sommes différentes ont été employées pendant des temps aussi différents.

327. **Exemple.** *Trois négociants se sont réunis pour une entreprise; le premier y a placé 37 000 fr., et 5 mois après, il en a retiré 12 000; le deuxième y a placé d'abord 25 000 fr., et 8 mois après, il en a ajouté 8 000; enfin un troisième y a placé 45 000 fr. qui sont restés dans la société pendant 18 mois, c'est-à-dire, jusqu'à sa dissolution. Ils ont réalisé un bénéfice de 38 000 francs, qu'ils doivent se partager; quelle sera la part de chacun?*

SOLUTION. Chaque part dépend ici de la mise et du temps pendant lequel elle est restée dans la société; la règle est donc composée. Pour la résoudre, on la ramène à une règle de société simple, en rapportant toutes les mises à un même temps; pour cela, on observe que la première mise se décompose en deux, l'une de 25 000 fr. placée pendant 18 mois, l'autre de 12 000 fr. placée pendant 5 mois seulement; or, 25 000 fr. employés pendant 18 mois rapporteront autant que 18 fois 25 000 fr. employés seulement 1 mois, et 12 000 f. employés pendant 5 mois rapporteront autant que 5 fois 12 000 fr. employés 1 mois seulement; ainsi, la mise du premier négociant peut se ramener à $18 \times 25\,000 + 12\,000 \times 5$ employés pendant 1 mois seulement. En suivant le même raisonnement, la mise du deuxième se ramène à $18 \times 25\,000$ fr.$+10 \times 8\,000$ fr. employés aussi pendant 1 mois, et celle du troisième devient $18 \times 45\,000$ fr. employés aussi pendant 1 mois. La question est ainsi ramenée à partager le bénéfice de 38 000 fr. entre trois mises différentes employées pendant le même temps. En opérant ainsi qu'il a été dit (325), on trouve pour la part du premier 9 929 fr. 44 c., pour celle du deuxième 11 102 fr. 53 c., et enfin pour celle du troisième 16 968 fr. 03 c.

328. Le moyen de vérification pour la règle de société composée est le même que pour la règle de société simple.

PROBLÈMES.

882. Trois négociants forment une société dans laquelle le 1er place 150 000 fr., le 2e 135 000 fr., le 3e 92 000 fr.; lors de la dissolution, ils ont perdu 30 000 fr., quelle doit être la perte de chacun?

883. Quatre communes renferment, la 1re 1 350 habitants, la 2e 800, la 3e 675, et la 4e 480; on répartit entre ces communes une contribution de 1 250 fr.; quelle part doit payer chacune d'elles?

884. Un individu laisse par testament une somme de 14 800 fr. à répartir entre trois bureaux de bienfaisance; l'un de ces bureaux a 3 000 pauvres, le 2e 5 300, le 3e 2 150; combien chaque bureau doit-il toucher?

885. Trois négociants ont placé dans une entreprise, le 1er 45 800 fr , qui y sont restés 15 mois, le 2e 38 000, qui y sont restés 18 mois, et enfin le 3e 60 000, qui y sont restés 22 mois, après lesquels ils ont cédé avec un bénéfice de 50 000 fr.; quelle doit être la part de chacun?

886. Quatre voituriers se sont engagés à transporter des marchandises en différentes villes pour une somme de 2 833 fr. Le 1er a conduit 240 kilogrammes à 12 kilomètres; le 2e 88^{KG} à 20 kilomètres; le 3e 428^{KG} à 15 kilomètres; et le 5e 600^{KG} à 5 kilomètres; on sait de plus que la difficulté des chemins est exprimée respectivement par les nombres 2, 3, 5 et 4 ; que le 2e voiturier, qui a fait le marché, doit prélever 100 fr. avant le partage; on propose de déterminer ce qui revient à chacun.

———

CHAPITRE VII.

RAPPORTS ET PROPORTIONS.

Du rapport en général.

329. On entend en général par *rapport* le résultat de la comparaison de deux nombres. Tout rapport se compose donc de deux *termes :* le premier se nomme *antécédent* ; le second, *conséquent.*

330. Deux nombres peuvent être comparés de deux manières différentes ; de là, deux espèces de rapports : le *rapport arithmétique* ou *par différence*, le *rapport géométrique*, ou *par quotient.*

Du rapport arithmétique.

331. Le *rapport arithmétique* exprime la différence existant entre les deux nombres comparés.

332. Pour indiquer un rapport arithmétique, on sépare ses deux termes par *un point* (.) qui s'énonce *est à.*

Ainsi, l'expression 7.4 indique le rapport arithmétique des nombres 7 et 4, qui s'énonce 7 *est à* 4, et dans lequel 7 est l'*antécédent*, et 4 le *conséquent.*

333. L'ensemble de deux rapports arithmétiques égaux forme ce qu'on appelle une *équidifférence.*

334. Pour indiquer une équidifférence, on sépare les deux rapports par un *deux-points* (:) qu'on énonce *comme.*

L'expression 7.4 : 9.6 est une équidifférence exprimant l'égalité des rapports 7.4, et 9.6, ou en d'autres termes, que la différence des deux nombres 7 et 4 est la même que celle des deux autres 9 et 6 ; elle s'énonce: *7 est à 4 comme 9 est à 6.* Les nombres 7 et 6 sont les termes *extrêmes,* 4 et 9 sont les termes *moyens.*

335. La propriété fondamentale d'une équidifférence est que *la somme des extrêmes est toujours égale à la somme des moyens.*

336. Cette propriété donne la facilité de trouver le quatrième terme d'une équidifférence, les trois premiers étant connus.

Du rapport par quotient.

337. Le *rapport par quotient,* appelé aussi *rapport géométrique,* est l'expression de la division de deux nombres ; sa valeur en est le quotient.

L'expression $\frac{8}{4}$ est le rapport géométrique de 8 à 4, dans lequel 8 est l'*antécédent,* 4 le *conséquent.* Le rapport se met ordinairement sous la forme 8 : 4, et s'énonce *8 est à 4.*

338. La valeur d'un *rapport géométrique* étant le quotient de la division de ses deux termes, il en résulte que l'*antécédent* est toujours égal au produit du *conséquent* par ce *quotient.*

339. On en conclut également qu'*un rapport géométrique ne change pas de valeur lorsqu'on multiplie ou qu'on divise ses deux termes par un même nombre.*

QUESTIONS. 335. Quelle est la propriété fondamentale de l'équidifférence?—336. Peut-on déterminer le 4ᵉ terme d'une équidifférence, les 3 autres étant connus?—337. Qu'est-ce que le rapport géométrique ? — 338. Quelle est sa valeur ? — 339. Quel changement subit un rapport, soit qu'on multiplie ou qu'on divise ses deux termes par un même nombre ?

DES PROPORTIONS.

340. On appelle *proportion* l'expression de l'égalité de deux rapports géométriques.

L'expression 12 : 3 :: 24 : 6, est une proportion exprimant que les rapports 12 : 3 et 24 : 6, sont égaux en valeur. Elle s'énonce : 12 *est à* 3 *comme* 24 *est à* 6. Elle peut aussi se représenter sous la forme $\frac{12}{3} = \frac{24}{6}$.

341. Des quatre termes d'une proportion le premier et le dernier s'appellent *extrêmes*; le second et le troisième, *moyens*.

Dans la proportion 12 : 3 :: 24 : 6, les nombres 12 et 6 sont les *extrêmes*; les nombres 24 et 3 sont les *moyens*.

342. Dans une proportion, *si les antécédents sont égaux, les conséquents le seront aussi*; et réciproquement, *de l'égalité des conséquents, on conclut celle des antécédents.*

En effet, s'il en était autrement, les rapports ne seraient pas égaux, et la proportion n'existerait plus.

343. Le principe fondamental des proportions est que *le produit des extrêmes est égal au produit des moyens.*

Soit la proportion : 15 : 3 :: 25 : 5,

dans laquelle le quotient de chaque rapport est 5; on n'altérera pas cette proportion, si on remplace l'antécédent de chaque rapport par le produit du quotient 5 multiplié par son conséquent (338); elle devient alors :

$$3 \times 5 : 3 :: 5 \times 5 : 5,$$

proportion qui indique à la première vue que le produit

des *extrêmes* se composera des mêmes facteurs que le produit des *moyens* ; donc ces produits seront égaux. Cette démonstration pouvant s'appliquer à une proportion quelconque, on en conclut que dans toute proportion, *le produit des extrêmes est égal à celui des moyens.*

344. Le principe précédent sert à résoudre ce problème général : *Étant donnés trois des quatre termes d'une proportion, trouver l'autre.*

SOLUTION. Soient les deux proportions

$$24 : 8 :: 9 : x, \qquad 5 : 20 :: x : 16,$$

où l'inconnu x est successivement *extrême* et *moyen.*

De la première on tire (343)

$$24 \times x = 8 \times 9 ;$$

puis, en divisant ces produits égaux par 24, les quotients seront aussi égaux, et on aura

$$x = \frac{8 \times 9}{24}.$$

Cette valeur de x indique que, si c'est un extrême qu'on cherche, *il faut, pour l'obtenir, diviser le produit des moyens par l'extrême connu.*

De la seconde, on déduit (343)

$$20 \times x = 5 \times 16,$$

et en divisant par 20,

$$x = \frac{5 \times 16}{20}.$$

Ce qui signifie que, *pour déterminer un moyen, on doit diviser le produit des extrêmes par l'autre moyen.*

345. Lorsque, dans une proportion, les deux moyens sont égaux, la proportion est dite *continue.*

Dans la proportion continue $18 : 6 :: 6 : 2$, qui peut aussi s'écrire $\cdot\cdot 18 : 6 : 2$, le moyen 6 prend le nom de *moyen proportionnel ;* il est égal à la *racine carrée* du produit des deux extrêmes.

APPLICATION DES PROPORTIONS A LA SOLUTION DE DIVERSES QUESTIONS.

RÈGLE DE TROIS.

346. La *règle de trois* est une opération qui se réduit toujours à déterminer un terme d'une proportion géométrique dont on connaît les trois autres.

347. La *règle de trois* est *simple* ou *composée*.

Règle de trois simple.

348. La *règle de trois simple* est celle qui ne renferme dans son énoncé que trois quantités connues et une inconnue.

349. Dans toute *règle de trois simple*, parmi les quantités connues, deux sont toujours de la même espèce et s'appellent *quantités principales*; la troisième et celle que l'on cherche, qui sont aussi de même nature, se nomment *quantités relatives*. La *première principale* correspond à la *première relative*, c'est-à-dire à la relative *connue*.

Ainsi, dans la question suivante :

3 ouvriers ont fait 6 mètres d'ouvrage, combien 4 ouvriers en feront-ils ?

les nombres 3 et 4 ouvriers sont les *quantités principales*; le nombre 6 mètres et celui qui est inconnu sont les

QUESTIONS. 346. Qu'est-ce que la règle de trois ? — 347. Comment la divise-t-on ?— 348. Qu'est-ce que la règle de trois simple?

quantités relatives. La *première principale* 3 correspond à la *première relative* 6 ; la *seconde principale* est 4 ; la *deuxième relative* est inconnue.

350. La difficulté de résoudre une *règle de trois simple* consiste dans l'art d'arranger convenablement les termes de la proportion ; or, voici comment il faut s'y prendre.

On distingue d'abord les QUANTITÉS PRINCIPALES *pour en composer le premier rapport, et après avoir examiné si la* QUANTITÉ RELATIVE *cherchée doit être plus petite ou plus grande que la* QUANTITÉ RELATIVE *connue, on écrit le second rapport (celui des quantités relatives) en plaçant ses termes dans le même ordre que ceux du premier ; c'est-à-dire, que si la plus petite ou la plus grande des quantités principales forme l'*ANTÉCÉDENT *du premier rapport, il faudra aussi que la plus petite ou la plus grande des deux quantités relatives forme l'*ANTÉCÉDENT *du second rapport.*

D'où il suit que, dans tous les cas possibles, on sera conduit à l'une ou à l'autre de ces proportions :

La plus petite quantité principale est à la plus grande, comme la plus petite quantité relative est à la plus grande ;

La plus grande quantité principale est à la plus

petite, comme *la plus grande quantité relative est à la plus petite.*

Remarque. On représente ordinairement la quantité relative inconnue par une des dernières lettres de l'alphabet, u, v, x, y, et z.

350 *bis.* A l'aide des principes que l'on vient d'établir, on est en état de résoudre toutes les questions qui se rapportent à la *règle de trois simple.*

Exemple. *Un tailleur a payé 45 fr. 3 mètres d'étoffe; on demande combien lui coûteront 27 mètres de la même étoffe?*

En examinant cette question, on conçoit qu'on aura d'autant plus à payer que la quantité des mètres achetés sera plus grande, et par conséquent la quantité relative cherchée sera plus grande que la quantité relative connue; de sorte qu'en la représentant par x on peut établir la proportion :

$$3 . 27 :: 45 : x, \text{ d'où } x = 405.$$

351. Pour vérifier si une *règle de trois* a été bien résolue, on en forme une nouvelle dans laquelle le *résultat obtenu* entre comme *quantité connue*, à l'exclusion d'une de celles qui l'étaient d'abord. La solution de cette nouvelle règle doit donner pour résultat la *quantité connue* éliminée.

352. Ainsi, pour vérifier la règle précédente, on pose cette nouvelle question :

27 mètres d'une étoffe ont coûté 405 fr., combien coûteront 3 mètres de la même étoffe?

En raisonnant comme précédemment, on établit la proportion :

$$27 : 3 :: 405 : x, \text{ d'où } x = 45.$$

RÈGLE DE TROIS COMPOSÉE.

353. La *règle de trois est composée*, quánd l'é-noncé de la question renferme plus de trois quantités connues.

354. Pour résoudre une *règle de trois composée, on examine attentivement la relation qui existe entre les diverses quantités principales, pour les combiner entre elles convenablement et les réduire toutes à deux autres équivalentes; ces dernières une fois obtenues et comparées avec les deux quantités relatives qui n'ont pas été employées, forment alors une règle de trois simple, de laquelle on déduit sans peine la valeur de l'inconnue.*

Remarque. C'est de l'usage seul qu'on doit attendre la facilité de résoudre les règles de trois composées; car les circonstances variant presque pour chaque question, il est impossible de donner une règle générale pour ramener à deux quantités principales toutes celles qui entrent dans leurs différents énoncés.

355. Exemple. *4 ouvriers, travaillant 8 heures par jour, ont béché un terrain contenant 12 ares; on demande combien 6 ouvriers, travaillant pendant 12 heures, bécheront d'ares dans le même temps.*

Solution. Pour ramener la résolution de cette question à celle d'une seule règle de trois simple, on raisonne de la manière suivante : 4 ouvriers travaillant pendant 8 heures feront le même ouvrage qu'un nombre d'ouvriers 8 fois plus grand, ou 4×8 ouvriers qui ne travailleraient que pendant une heure ; de même 6 ouvriers, travaillant pendant 12 heures, feront le même ouvrage qu'un nombre d'ouvriers 12 fois plus grand, où 6×12 ouvriers qui ne travailleraient qu'une heure. La question est donc ramenée à celle-ci :

En 1 heure 4×8 ouvriers ont béché un terrain de 12 ares de surface ; combien 6×12 ouvriers bécheront-ils d'ares dans le même temps ?

En désignant par x le nombre cherché, on établit la proportion :

$$4 \times 8 : 6 \times 12 :: 12 : x, \text{ d'où } x = 27.$$

Donc 6 ouvriers travaillant 12 heures par jour bécheront 27 ares de terrain.

RÈGLES D'INTÉRÊT, D'ESCOMPTE, DE SOCIÉTÉ.

Les règles, d'intérêt, d'escompte et *de société* ayant déjà été traitées n°ˢ 294 et suivants, nous nous contenterons de résoudre, au moyen des proportions, une question sur chacune de ces règles, engageant les élèves à s'exercer à résoudre par le même moyen les divers problèmes énoncés pages 155 et suivantes.

1° *Question d'intérêt simple.*

1. *Un capital de 1 200 fr. a été placé pendant 4 ans, à raison de 6 pour 100 par an ; on demande quel est l'intérêt de cette somme ?*

Solution. Puisque 100 francs rapportent 6 fr. par an, il est clair qu'ils produiront 4 fois 6 fr., ou 24 fr. dans

4 ans. Représentant par x l'intérêt cherché, et observant que les intérêts doivent augmenter comme les capitaux, on a cette proportion :

$$100 : 1\,200 :: 24 : x; \quad \text{d'où } x = 288 \text{ fr.}$$

L'intérêt de 1 200 fr. est donc de 288 fr. pour 4 ans; de sorte qu'après ce temps, il faut rendre au prêteur 1 200 + 288, ou 1 488 fr.

Remarque. Dans cette opération, on a multiplié le taux de l'intérêt par le nombre des années et par le capital, puis divisé le résultat par 100 ; de manière qu'on peut conclure cette règle générale :

Pour trouver l'intérêt d'une somme quelconque, placée pendant plusieurs années à tel taux qu'on voudra, il suffit de multiplier le capital par le taux et le nombre des années, puis de diviser le produit par 100.

2° Question sur l'intérêt composé.

11. *Un usurier a prêté 5000 fr. à 8 p. 100 pendant 3 ans, à condition que l'intérêt dû à la fin de chaque année se joindra au capital pour porter intérêt l'année suivante. Quelle est la somme qui sera due au créancier, lors du remboursement ?*

Solution. L'énoncé de cette question indique assez la marche qu'il faut suivre pour trouver la somme demandée.

D'abord, on cherchera l'intérêt de 5 000 fr. pour la 1re année, par la proportion.

$$100 : 5\,000 :: 8 : x,$$

de laquelle il résulte

$$x = 400 \text{ fr.}$$

On ajoutera ces 400 fr. au 1er capital 5 000 fr., pour

en former le nouveau capital 5 400 fr., qui portera rente la 2ᵉ année. Alors, on posera la proportion

$$100 : 5\,400 :: 8 : y,$$

qui donne pour intérêt

$$y = 432\,\text{fr.}$$

Le capital de la 3ᵉ année sera donc composé de 5 400 + 432 = 5 832 fr., et rapportera une rente exprimée par le 4ᵉ terme de la proportion

$$100 : 5\,832 :: 8 : z = 466\,\text{fr. } 56\,\text{c.}$$

Enfin, en ajoutant 466 fr. 56 c. au capital précédent, on aura 5 832 + 466 fr. 56 c. ou 6 298 fr. 56 c. pour la somme qu'il faudra remettre au bout de la 3ᵉ année.

Remarque. Si quelques mois se trouvaient joints aux années, on calculerait les intérêts d'un an de plus, puis, on prendrait le *douzième* répété autant de fois qu'il y a de mois, pour en ajouter le produit au résultat qui a servi de capital dans la dernière opération, et cette somme serait celle qui conviendrait à la solution de la question.

3° Question sur la règle d'escompte.

III. *Un marchand achète pour 2650 francs de différents draps, à un an de crédit, en se réservant l'escompte à 6 pour 100, s'il vient à payer avant la fin de l'année; il veut se libérer au bout de 7 mois; on demande à combien doit se réduire la valeur du billet qu'il a souscrit ?*

Solution. Pour résoudre cette question, on cherche d'abord le taux de l'escompte pour 7 mois par la règle de trois suivante :

Si pour un an, ou 12 mois, l'escompte est fixé à 6 fr. pour 100, que vaudra-t-il pour 7 mois ?

c'est-à-dire, en établissant la proportion

$$12 : 7 :: 6 : x,$$

qui détermine

$$x = 3 \text{ fr. } 50 \text{ c.}$$

A présent que l'on sait que le taux de l'escompte n'est plus qu'à 3 fr. 50 au lieu d'être à 6 fr., il devient facile de trouver ce que vaut le billet à la fin du 7ᵉ mois, ou au commencement du 8ᵉ, en posant cette nouvelle question :

Si 106 francs, payables dans un an, se réduisent à 103 fr. 50 c., lorsqu'on paye au bout de 7 mois, à combien 2 650 francs se réduiront-ils dans la même circonstance ?

Représentant par z la valeur cherchée, on aura

$$106 : 103,50 :: 2\,650 : z,$$

proportion de laquelle on tire

$$z = 2\,587 \text{ fr. } 50 \text{ c.}$$

Ainsi, le billet se réduit à 2 587 fr. 50 c. payables à la fin du 7ᵉ mois.

4º Question sur la règle de société simple.

IV. *Trois marchands se sont réunis pour une entreprise dans laquelle ils ont fourni, le premier 400 fr., le deuxième 630 fr., et le troisième 750 fr. Au bout d'un an, ils ont fait un bénéfice de 534 fr. ; on demande ce qu'il revient à chacun ?*

Ici, le temps est le même pour toutes les mises ; par

conséquent, chaque part du gain doit être proportion-
nelle à la mise correspondante; et comme le rapport
de la somme des mises 1 780 fr. au bénéfice 534 qu'elle
a produit, doit évidemment égaler le rapport d'une
mise particulière à la part relative du gain, en désignant
les trois parts cherchées par x, y, z, pour les trouver, on
aura les proportions

$$1\,780 : 534 :: 400 : x = \frac{534 \times 400}{1780} = 120 \text{ fr.}$$

$$1\,780 : 534 :: 630 : y = \frac{534 \times 630}{1780} = 189$$

$$1\,780 : 534 :: 750 : z = \frac{534 \times 750}{1780} = 225$$

Somme égale,   534 fr.

Ainsi, il revient 120 fr. au premier marchand, 189
au deuxième, et 225 fr. au troisième.

5° Question sur la règle de société composée.

V. *Trois négociants se sont réunis pour une spécula-
tion commerciale : le premier a mis 3 000 fr. pendant
5 ans, le second 8 000 fr. pendant 2 ans, et le troisième
4 000 fr. pendant 6 ans, temps après lequel la société
s'est dissoute avec un bénéfice de 13 200 fr. On demande
le gain de chaque négociant.*

Solution. On ramènera cette question à une règle de
société simple en rapportant toutes les mises à un même
temps. Pour cela, on observe que 3 000 fr. employés
l'espace de 5 ans, doivent produire autant de profit que
5 fois 3 000 fr. ou 15 000 fr. qui auraient servi une seule
année ; par la même raison, les 8 000 fr. employés 2 ans
et les 4 000 fr. pendant 6 ans, produiront autant que 2
fois 8 000 fr. ou 16 000 fr. et 6 fois 4 000 ou 24 000 fr.

conservés une seule année. La question correspond donc à celle-ci :

Trois négociants ont placé pour un an, le premier 15000 fr., le second 16000 fr., et le troisième 24000 fr.; ils ont gagné 13200 fr.; à quelle part chacun a-t-il droit?

Alors, plus de difficulté, en désignant par x, y, z, ce qui revient respectivement à chacun, on trouvera

$$x = 3600 \text{ fr.}, \qquad y = 3840 \text{ fr.}, \qquad z = 5760 \text{ fr.}$$

Donc, le premier négociant doit recevoir 3600 fr., le second 3840 fr., et le troisième 5760 fr.

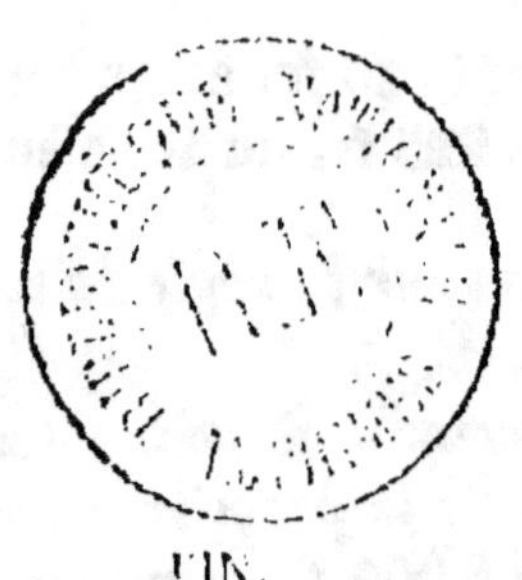

FIN.

TABLE DES MATIÈRES.

FIN DE LA TABLE.

PARIS. — IMPRIMERIE BLOT ET FILS AÎNÉ, RUE BLEUE, 7.

www.ingramcontent.com/pod-product-compliance
Lightning Source LLC
Chambersburg PA
CBHW061344060726

47597CB00003B/720